8개의 라면산보 코스
동경라면 베스트 25곳 여행기

동경라면산보

지은이   석현수

1판 1쇄 인쇄 2009년 1월 30일
1판 1쇄 발행 2009년 2월 03일

펴낸이   손종현
펴낸곳   프라우드
주소   서울시 강남구 역삼동 837-11 유니온센타 612호
전화   02-3446-4603
팩스   02-3446-4604
등록   제16-3432호

ISBN 978-89-961826-0-3 03980

동경

라면산보

지난 2년간 나는 일본 동경을 중심으로 라면만 먹고 다니는 여행을 기획했다. 기왕이면 라면집 뿐만 아니라 라면 뒷골목의 다양한 풍물도 다녀보면서, 일본의 옛 정취가 그대로 남아 있는 곳을 중심으로 산책 해보기로 했다. 우리나라 말로는 산책이라고 해야 하겠지만 일본에서는 산보라고 말한다. 말 그대로 길을 거닐며 만나는 주변 사람들의 생생한 삶의 이야기와 마을의 다양한 역사를 알 수 있었던 나의 라면산보여행은 내 생애 몇 안되는 맛있고 즐거웠던 여행 경험이었다.

산보 중에 만났던 만남 중에 연극을 하다가 라면이 좋아 라면가게를 연 멋쟁이 콧수염 사장님과 120년 된 공중 목욕탕을 개조해 만든 네즈의 목욕탕 미술관, 된장만을 파는 된장카페에서의 와인 한 잔, 미술관 옆 지하의 맛있는 빵집과 80년 전통의 닭꼬치집, 내 손금이 좋아 부자가 될 거야라고 말해 주며 맛있는 과일전문점을 소개해 주었던 긴자의 점술가 히노꼬상, 에도시대의 옛 정취를 알기 쉽게 안내해주었던 아사쿠사의 인력거 청년, 라면 국물 비법을 안가르쳐 주겠다면서도 돈도 안받고 촬영에 협조해준 라면집 매니저 후쿠시마씨를 비롯한 이들 모두가 여행 중에서 만났던 소중한 인연들이었다.

일본 라면은 모두가 맛있는 것은 아니다. 특히 번화가의 라면은 한국인의 입맛에 그리 딱맞지 않은 것도 더러 있다. 저자 또한 TV에 나오는 유명 라면집에서 국물 한 모금도 목으로 넘기지 못했던 정말 느끼한 라면들을 경험한 것이 한 두 번이 아니었다. 그래서 나는 동경 구석구석의 유명한 라면집 200군데를 직접 찾아가 먹어본 후 우리 입맛에 맞는 라면집 33군데를 발견하여 그곳의 라면 특성과 가게의 역사와 에피소드를 정리해보고 사진으로 기록해 보았다.

매번 일본여행을 하면서도 늘 틀에 박힌 여행 밖에 할 수 없었던 나의 여행에 새로운 시각으로 도전해 본 것이 '라면산보여행'이다. 아사쿠사 어느 라면집은 가격이 싸고 맛있어서 꼭 들르는 곳이 될 정도로 이젠 어느 정도 맛있는 라면집을 고르는 데에는 자신이 생겼다. 이번 여행은 동경의 옛 정취를 느낄 수 있는 서민적인 뒷골목을 중심으로 누비고 다녀 보았다. 여행을 하면서 익힌 생활의 지혜와 동경 지하철 주변의 라면집들의 특성들을 나름대로 다양하게 정리해 보았다. 라면집을 중심으로 펼쳐져 보이는 주변의 다양한 풍물과 사람들의 이야기들은 늘 식상하기만 했던 나의 동경여행을 새롭고 즐겁게 만들어 주었다. 여행을 좋아하고 일본의 요리 특히 라면을 좋아하는 독자들에게 이번 동경 라면산보가 조금이라도 보탬이 되었으면 한다.

이번 산보를 가능하게 해준 프라우드의 손대표님과 김성일 교수님, 사랑하는 동생 오경, 동훈, 그리고 현지 촬영에 고생 많이하신 CBS의 권석준PD, 신방과 박승현교수, 늘 날 위해 기도해주시는 사랑하순 가족들, 몇 달이고 묵묵히 나의 여행을 도와준 김수현 선생‥ 이루 헤아릴 수 없이 라면만 먹이고 고생만 시켰던 나의 동반자 아내 미래에게 감사의 말을 전하고 싶다.

어느 라면 가게의 사장이 라면은 신이 주신 선물이라고 했다
이번 나의 '동경 라면산보' 여행도 신이 주신 축복의 선물이라고 생각한다.

나와 같이 라면, 행복하겠니

너와 같이 라면, 기쁘겠니

이제 우리 같이 라면,

더 없이 좋을텐데

〈동경 라면산보〉와 함께라면,

나 혼자라도 외롭지 않아

동경 라면산보 여행 길에 들어서면서

東京 ラーメン散歩 **map**

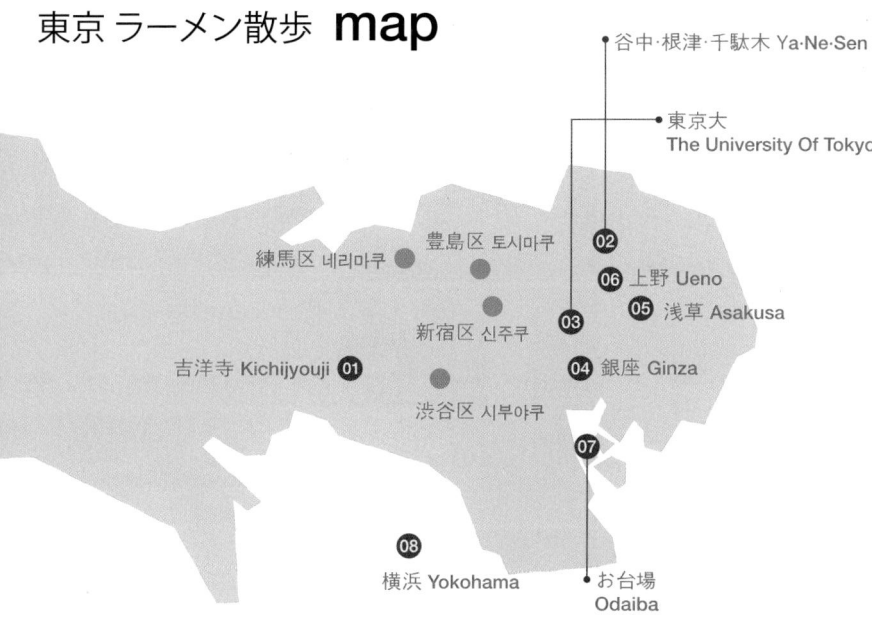

● 谷中·根津·千駄木 Ya·Ne·Sen

→ 東京大
The University Of Tokyo

練馬区 네리마쿠 ●

豊島区 토시마쿠 ●

02

06 上野 Ueno

新宿区 신주쿠 ●

03

05 浅草 Asakusa

吉洋寺 Kichijyouji **01**

04 銀座 Ginza

渋谷区 시부야쿠 ●

07

08

横浜 Yokohama

● お台場
Odaiba

여행에 들어가기 전에 알아보는 라면의 종류

미소라면 육수베이스를 일본된장인 미소로 만든 라면으로 삿뽀로 지역을 대표하는 라면 | **돈코츠라면** 육수베이스를 돼지뼈로 만든 라면으로 시코쿠와 큐슈 지역을 대표하는라면 | **쇼유라면** 육수베이스를 일본간장으로 만든 라면으로 동경, 관동지방, 교토와 히로시마 지역을 대표하는 라면 | **시오라면** 육수베이스를 소금을 주원료로 만든 라면

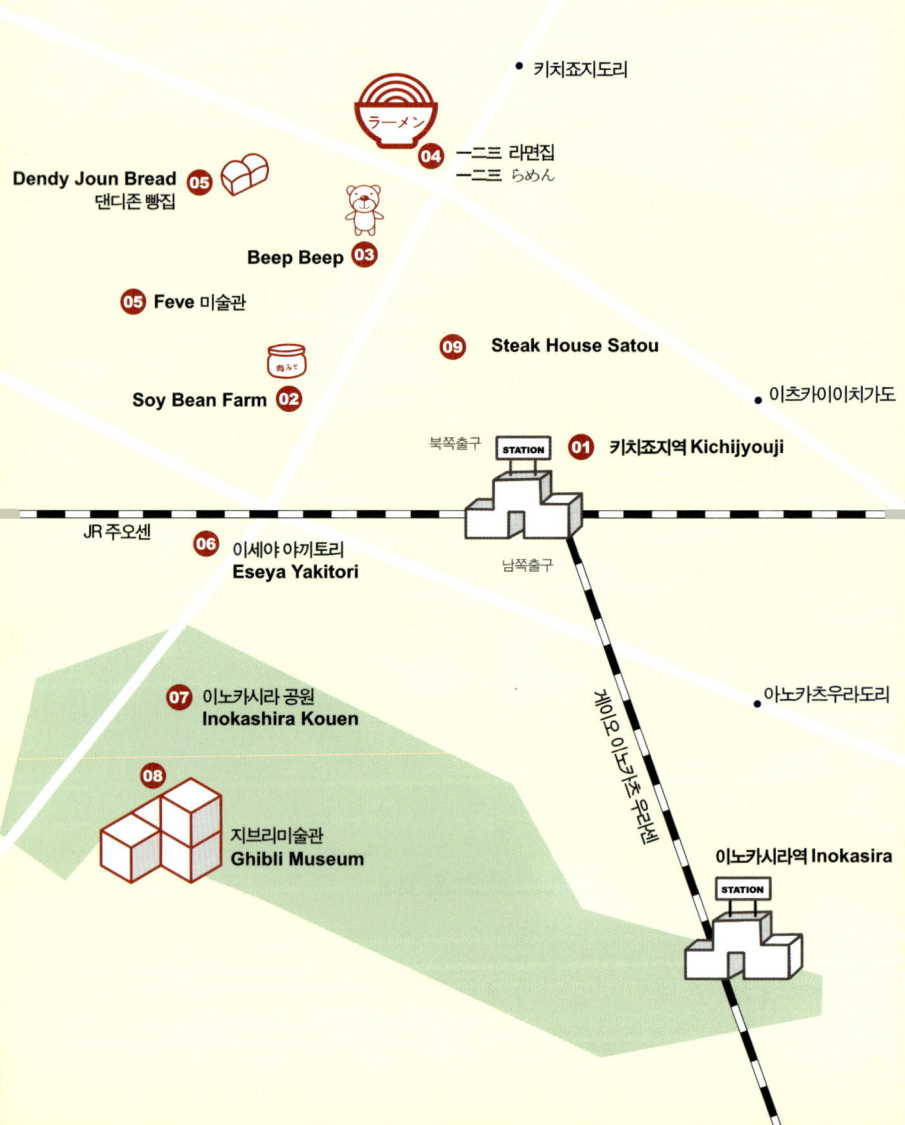

키치죠지도리

ラーメン
04 一二三 라면집
一二三 らめん

Dendy Joun Bread **05**
댄디존 빵집

Beep Beep **03**

05 Feve 미술관

09 Steak House Satou

이츠카이이치가도

Soy Bean Farm **02**

북쪽출구 STATION **01** 키치죠지역 Kichijyouji

JR 주오센
06 이세야 야끼토리
Eseya Yakitori

남쪽출구

07 이노카시라 공원
Inokashira Kouen

아노카츠우라도리

08

지브리미술관
Ghibli Museum

게이오 이노카시라 우라센

이노카시라역 Inokasira

STATION

1

키치죠지

吉洋寺

델리스파이스가 부른 '키치죠지의 검은 고양이' 때문인지도 모른다. 온 몸을 칭칭 휘감는 시타르 연주가 들릴 것 같은, 코를 찌르는 야릇한 향내가 날 것만 같은 환상의 공간. 키치죠지에 대한 느낌은 언제나 그 발음만큼이나 색다른 기대감을 안겨주었다. 어느 날 아침 TV 브라운관 너머로 키치죠지역 공원이 스쳤을 때 문득 상상 속의 그곳을 직접 확인해보고 싶다는 생각이 든 것도 그 때문이다. 그래서인지 오늘의 산책로는, 너무나 우연하고도 필연적으로 키치죠지로 정해졌다.

kichijouji

01 step
키치쬬지역

후지티비 いいとも (이이토모) 아침 방송에 키치쬬지(吉洋寺)역 공원이 나왔습니다.
오늘은 어딜 갈까요?
어디 좋은데 없을까요?
늘 가던 곳 말고 정말 좋은데 말이예요!
저는 오늘 두 말할 나위 없이 키치쬬지에 가고 싶어졌습니다.
지브리박물관도 옆에 있다고 합니다.
TV에서 보여주는 거리는 참 아름다워 보였습니다.
문득 직접 눈으로 보고 싶어졌습니다.
신주쿠역에서 중앙선 타고 가면 된다고 합니다.
맛있는 라면집과 예쁜 가게들도 있었으면 좋겠습니다

키치쬬지 거리에 도착했습니다.
정말 아기자기하고 사랑스러움이 느껴지는 거리입니다.
혼자서 산책하기에도 아늑하니 좋습니다.
그래서 더욱 아름다워 보입니다.
일본의 소박하고 예쁜 거리가 다 모여 있는 마을 같습니다.

산책하기에도 더 없이 좋은 날입니다.
오랫만에 기분 좋은 웃음을 지어봅니다.
아~ 키치쬬지 정말 멋진 거리입니다.

02 step

Soy Bean Farm

이것저것 구경하며 거닐다가 갑자기 발걸음을 멈추게 되었다. 읽고 또 읽어봐도 분명 된장이라 적혀있는 간판이 신기했다. 'Soy Baen Farm'이라는, 영어간판의, 그런데 된장카페란다. 와, 신기해라. 때마침 21주년 기념 이벤트를 하고 있는 것 같아 조심스레 안으로 들어가 봤다.

01 21년된 된장카페인 'Soy Bean Farm'에서는 자기가 원하는 된장을 소량으로 용기에 담아갈 수 있어 여러 가지 된장의 참맛을 볼 수가 있고 된장을 테마로한 다양한 메뉴들을 카페에서 와인과 함께 즐길 수 있다.

05 된장카페 내부의 모습이다. 와인이 구비되어 있는 것이 이색적이었다. 된장과 와인이 잘 어울릴까??

06 사장님이신 사토우상. 콧수염이 인상적이었다.

02 Soy Bean Farm 가게 전경
03 다양한 맛을 즐길 수 있는 된장들
04 된장을 원료로한 먹거리들

01 이색적이고 아기자기한 팬시용품들을 볼 수가 있다.

03 step **Beep Beep**

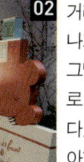

거리엔 한 무리의 여성들이 재잘대며 스쳐 지나가고 있었다. 한눈에도 여성들이라면 절대 그냥 지나칠 수 없을 것 같은 예쁜 가게 안으로 들어가는 것이 보인다. 나도 들어가 보았다. 샵 인 샵 'Beep Beep'. 너무나 귀엽고 아기자기한 팬시용품들이 깔끔하게 진열되어 있었다.

02 Beep Beep 가게전경
03 눈길을 끄는 인형들과 소품들

04 Beep Beep 안에는 또 하나의 서점이 있는데, 아름다운 엽서와 사진들이 참 인상적이었다.

04 step

一二三 らめん 히후미 라면집

2시 54분에 一二三 라면집에 들어왔다.
라면집 분위기와는 어울리지 않는 재즈음악이 흐르고 있다. 중년의 두 남자가 라면을 끓이고 있었다. 뭘 시킬지 몰라 잠깐 망설이다 테이블에 메뉴판을 보고 미소라면 한 그릇을 주문했다.

아니 근데 이게 웬일인가!
3시부터 5시까지는 영업 준비시간이란다. 사장님에게 사정을 했다.
"멀리 한국에서 왔습니다. 라면 좀 먹읍시다!"
두 남자가 망설인다. 연신 고개를 가우뚱거리더니 결국 "요시… 이이요 (자… 좋아요)"

나를 위해 휴식시간도 포기하고 一二三소바라면을 만들어주었다.
사장님 정말 감사합니다. 이타다끼마쓰~!!
잘 먹겠습니다.

OPEN 12:00
CLOSE 07:00

휴식시간_15:00~17:00 주말 경축일 동일
휴일_ 화요일 (예고없이 쉬는날도 있음)

🏠 武蔵野市 吉祥寺 北町 1-1 0 - 2 2
　　무사시노시 키치죠지 키타쵸 1-10-22
☎ 0422 21 0919
🛏 12석
🚌 키치죠지역 북쪽 출구에서 도보10분,
　　이츠카이치가도 파출소 맞은편

01 이 집의 국물 맛은 닭껍질, 가츠오부시, 생선뼈, 양파와 대파를 넣어 정성껏 끓인 육수에 있다고 한다. 끓인 육수를 찬물에 식힌 후 다시 한번 끓이는 것이 이 집만의 비법이다.

02 요시노리쿠도사장님은 일본전통 연극을 하는 가부키배우라고한다.

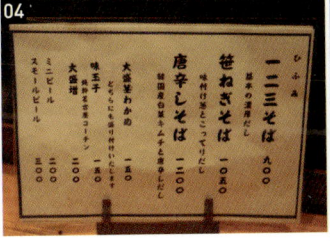

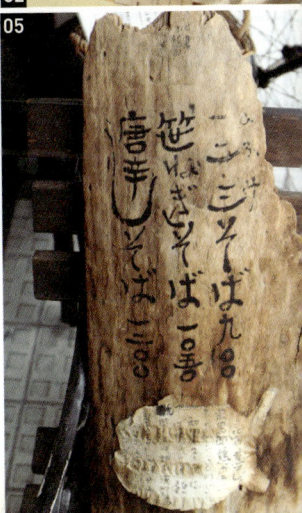

03 라면이 맛있어 국물 한방울 남기지 않고 다 비웠다.

04 一二三라면집 메뉴판

05 1989년 개업 때 만들었다는 입간판이 정겹게 느껴졌다.

Dendy Joun Bread

배가 불러서 그런지 내 생각에
도 걸음에 힘이 넘쳤다. 숨을 쉴
때마다 향긋한 미소육수 냄새가
배어 나와 입맛을 다시고 있는데
어디선가 고소한 빵 냄새가 밀려
왔다. 'Dendy Joun Bread'라
는 꽤나 댄디(dandy)한 느낌의
빵집이 보인다. 밖에는 이미 빵
을 사려는 손님들이 길게 줄 지
어 서있었다. '대체 얼마나 맛있
는 빵을 팔길래…' 궁금해져 나도
줄을 섰다.

01 빵을 사려고 줄을선 여성고객
들. 어휴~ 대체 이 집 빵맛이 얼마
나 대단하길래‥

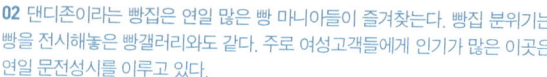

02 댄디존이라는 빵집은 연일 많은 빵 마니아들이 즐겨찾는다. 빵집 분위기는
빵을 전시해놓은 빵갤러리와도 같다. 주로 여성고객들에게 인기가 많은 이곳은
연일 문전성시를 이루고 있다.

03 한편의 빵 미술작품같이 잘 정렬된 식빵들
04 방금 구운 빵을 언제든지 먹을 수 있다.

Gallery Feve

이런, 이번엔 진짜 미술관이 나타났다. 빵집 옆 미술관이라, 이 얼마나 달콤한 조화인지. 'Feve'라는 이 작은 미술관은 장소만큼이나 앙증맞은 그림들을 담은 역시 앙증맞은 액자들이 벽에 걸린 채 은은한 조명을 받으며 관객들의 눈길을 기다리고 있었다.

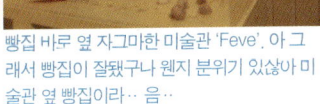

빵집 바로 옆 자그마한 미술관 'Feve'. 아 그래서 빵집이 잘됐구나 웬지 분위기 있잖아 미술관 옆 빵집이라… 음…

06 step

이세야 야끼토리
伊勢や 焼き鳥

뜻하지 않은 재미있는 관람을 마치고 미리 길을 알아두었던 이노카시라 공원을 향해 걷기 시작했다. 그런데 저 멀리 공원입구로 들어가는 계단에 사람들이 북적인다. 가게가 보이지 않는 거리인데도 맛있는 냄새가 미리 마중을 나와 있다. 가까이 가보니 아니나 다를까 그 유명한 '이세야 야끼토리' 가게가 나타난다. 오랜 전통을 가진 야끼토리(닭꼬치)집 이세야는 이미 이노카시라 공원의 명물로 자리잡은 지 오래다. 밖에서 보는 모습처럼 내부도 아주 허름한 가게였지만 그 점이 더욱 정감 있게 느껴졌다. 닭꼬치를 굽느라 뿌연 연기로 가득한 가게에서 마음이 맞는 지인들과 웃고 떠들며 술 한잔하면 너무 좋을 것 같다고 생각했다. 점원들이 꽤 무뚝뚝하지만 그 표정마저 매력으로 느껴지는 곳, 말이 필요 없는 닭꼬치 맛 하나로 모든 것이 용서되는 곳이었다.

80년 이상된 전통 야끼토리(닭꼬치)집. 이세야의 그 맛있는 냄새는 나의 발길을 잡기에 충분했다.

점장인 고바야시상. 하루 매출을 물었더니 씨익 웃으며 하는 말 "공원에 들어가려는 사람들은 거의 다 먹고간다"라고 말했다. 와~ 그럼 얼마야? 어휴~

Eseya
Yakitori

야끼토리는 바로 이 맛이야 라고 할 정도로 그 독특한 치감은 지금도 잊혀지지 않는다.

이노카시라 공원
井の頭公園

닭꼬치 냄새를 풀풀 풍기며 버석거리는 빵 봉지를 들고 마침내 공원 안으로 들어섰다. 유모차를 끌고 지나가는 어머니, 고즈넉한 벤치에 앉아 담소를 나누는 할머니 할아버지 그리고 호수에서 오리보트를 타는 연인들. 나도 호숫가 벤치에 자리를 잡고 피곤한 다리를 쉬고 있는데 근처 풀숲에서 고양이 한 마리가 무언가를 들여다보고 있다. 슬쩍 시선을 따라가 보니 호수 안에서 제 몸집보다 큰 잉어들이 헤엄치는 모습을 보고 있는 게 아닌가. '아이구 귀여운 녀석, 저걸 잡아보겠다고 그렇게 목 빠지게 노려보고 있는건가' 그만 웃음이 나왔다. 그러거나 말거나 호수의 정경은 무척 평화롭기만 하다. 물 뿜는 분수 근처로 무지개가 흐드러지게 피어나 장관을 연출한다. 그 호수를 가로지르며 천천히 유영하고 있는 오리보트들이 마치 살아있는 것 같다. 이곳에는 호수를 향해 누워있는 나무들이 유난히도 많은데, 물에 반쯤 잠겨있는 고목의 풍채가 참으로 고혹적이다. 벚꽃이 만개했을 때 연인과 함께 찾아와 오리보트를 타면 더 없이 좋다는 이노카시라 공원이지만, 낯선 방문객에게도 이곳의 자연은 한없이 관대했다.

01 붉게 핀 이름 모를 꽃망울이 아름다운 이노카시라 공원. 휴일 한적한 오후에 젊은 연인의 포옹이 따스한 봄날같다.

02 드라마 촬영지로도 유명한 호수와 산책로에는 한가로이 산보를 즐기는 여행객이 많다.

03 공원내에 있는 카페 여유있게 커피한잔하면서 잠시 피로를 달랬다.

04 낙엽이 아름답게 펼쳐져 있는 산책로

Inokashira Kouen

지브리 미술관
ジブリ 美術館

붉게 핀 이름 모를 꽃망울과 따스한 봄날 같이 포개어 있는 연인의 뒷모습을 무심한척 지나쳐 걷다보니 어느새 지브리 미술관 표지판이 나타났다. 사전 예약을 하지 않으면 들어갈 수 없는 지브리 미술관은 미야자키 하야오 감독의 작품을 좋아하는 팬들이라면 꼭 한번 들러봐야 할 명소. 입구에 선 토토로와 가볍게 눈인사를 하고 안으로 들어섰다. 미술관 내부는 사진 촬영이 금지되어있어 보여줄 순 없지만 원화부터 애니메이션이 만들어지는 과정, 지브리 스튜디오의 작업실 등을 그대로 재현해 놓아 구경하는 재미가 쏠쏠했다.

01 이노카시라 공원 곳곳에 설치된 지브리 미술관 표지판
02 미야자키 하야오 감독의 환상적인 캐릭터를 만날 수 있는 지브리 미술관 입구

Ghibli Museum

지브리 미술관 티켓예매

입장시간은 1 일 총 4 회로 10시, 12시, 14시, 16시이며, 사전에 예약을 해야 입장이 가능하다. 일본에서 직접 예매하려면 로손 편의점 내에 있는 무인티켓 판매기인 Loppi를 이용하는 방법과 한국에서 티켓 예매를 대행하는 대한여행사(www.hiktb.co.kr)를 통해 예매하는 방법이 있다

03 빨간 기둥의 우물
04 오직 지브리 미술관 옥상에서만 사진촬영이 가능하며 천공의 성 라퓨타의 거대한 로봇병사와 기념사진을 찍으려는 사람들로 옥상은 늘 붐빈다. 옥상에서 내려다 본 지브리 미술관의 전경

`03`
`04`

Steak House Satou

이제 슬슬 키치죠지 산보를 마쳐볼까 생각하며 미술관을 나와 역까지 걸어가면서 넓고 오밀조밀한 상점가를 둘러보았다. 닭꼬치로 배를 채운 지 얼마 지나지도 않았는데 벌써 출출해지기 시작한다. 기차역을 지나쳐 조금 돌아야하지만, 어디선가 들었던 사또우 스테이크를 먹어보기로 했다.

저 멀리 상점가 가게들 사이에 좁게 자리 잡은 가게 입구가 눈에 띈다. 과연, 손님들도 가득 들어차 있다. 두말할 것 없이 예상대로 미각을 만족시키는 식사였다.

01 입에서 살살 녹는 스테이크를 저렴한 가격에 즐길 수 있는 사토우스테이크 정식

02 철판에서 스테이크를 굽는 주방장의 손놀림이 분주하다.

03 가게 입구

밖으로 나와 풍성해진 배를 쓸어내리며 다시 키치죠지역을 향해 걷기 시작한다. 아직 내가 미처 보지 못하고 가지 못한 키치죠지의 골목들이 구석구석에 많이 남아있다는 생각이 들었다. 다시 이곳으로 산보를 오게 된다면 그때도 기약 없이, 운명처럼 우연히, 고단한 걱정거리도 없이 올 수 있다면 좋겠다.

epilogue

"그 곳은 한 여름 동경 키치죠지의 작은 골목~"

델리스파이스의 노래를 흥얼거리면서 돌아다닌다. 키치죠지는 거리의 아름다운 벽화와 기대이상의 먹거리와 볼거리들로 가득한 곳, '일본 젊은 여성들이 좋아하는 장소'란 명성답게 멋과 낭만이 있는 곳이다. 특히 키치죠지는 하라주쿠, 아오야마, 오모테산도의 장점만을 쏙쏙 뽑아 놓은 듯 아기자기한 맛이 있다.

미술관 옆 빵집도 그렇고, 가부키 연극배우인 멋쟁이 라면사장님, 산책로가 아름다운 이노카시라 공원, 80년 전통의 이세야 닭꼬치 전문점, 아름다운 소품들이 즐비한 키치죠지의 상점들까지. 돌아오는 길에 아내에게 이곳을 보여주지 못한 게 미안할 정도로 다시 오고 싶은 곳이었다. 다음엔 사랑하는 내 딸과 아내의 손을 붙잡고 콧노래를 부르며 키치죠지를 더듬어봐야겠다.

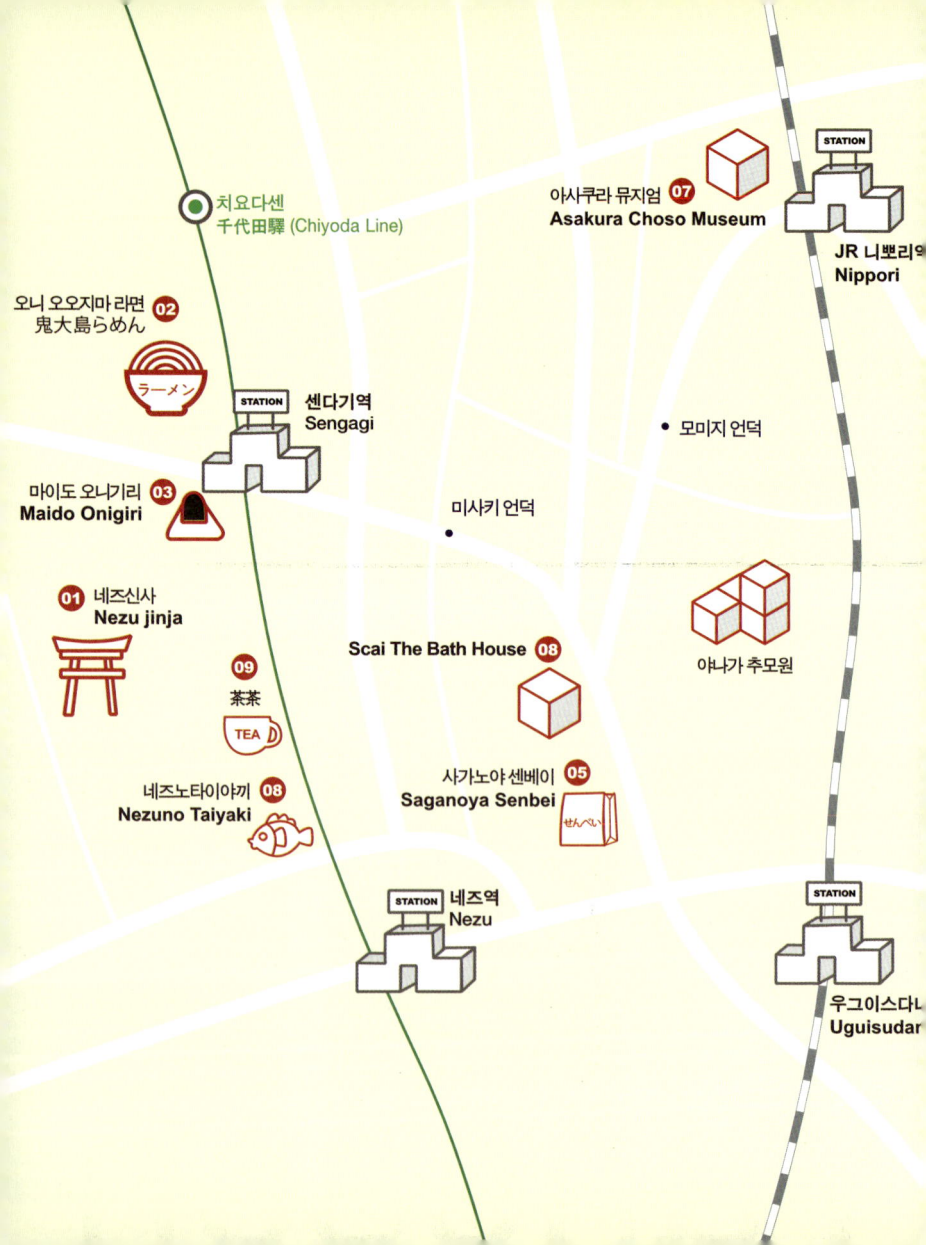

치요다센
千代田驛 (Chiyoda Line)

오니 오오지마 라면 **02**
鬼大島らめん

ラーメン

센다기역
Sengagi
STATION

마이도 오니기리 **03**
Maido Onigiri

네즈신사 **01**
Nezu jinja

09
茶茶
TEA

네즈노타이야끼 **08**
Nezuno Taiyaki

아사쿠라 뮤지엄 **07**
Asakura Choso Museum

STATION

JR 니뽀리역
Nippori

모미지 언덕

미사키 언덕

Scai The Bath House **08**

야나가 추모원

사가노야 센베이 **05**
Saganoya Senbei
せんべい

네즈역
Nezu
STATION

STATION

우그이스다니역
Uguisudani

2

야나카 네즈 센다기

谷根千

야네센은 야나카, 네즈, 센다기의 앞머리자를 딴 말로, 이 일대에 걸친 지역을 일컫는 애칭이다. 근처 다른 지역과 달리 일본 에도 시대의 정취를 한껏 느낄 수 있는 장소로도 유명한데, 동경시내에 위치하였음에도 불구하고 1970년대 거리를 보는 듯한 고풍스러운 멋이 있어 어린 시절 숨바꼭질 하던 추억이 되살아나는 거리다. 특히 단고자카라는 언덕은 일본소설 속에 등장하는 곳으로 마치 소설 속의 주인공이 되어 걷는 듯한 느낌을 주는 곳이다. 120년 된 센베이 가게, 80년 된 커피숍, 50년 된 붕어빵집, 200년 된 공동 목욕탕을 개조해서 만든 갤러리와 붉은 노을이 아름답게 보이는 언덕배기 계단길, 길모퉁이 한 켠의 여행객의 피로와 갈증을 풀어주는 아름다운 네즈신사의 약수터까지. 길을 걷는 것 자체로 풍요로움이 느껴지는 곳이 바로 야네센의 거리다.

Yanesen

01 step
네즈신사

현존하는 에도의 신사 건축물 중에서 최대 규모를 자랑한다는 네즈신사를 향해 걸었다.
매년 4월쯤 철쭉이 흐드러지게 꽃을 피우며 장관을 이뤄 철쭉 축제로도 유명하다고 한다.

안타깝게도 내가 갔을 땐 8월의 한여름이어서 그런 진귀한 장관은 구경하지 못했지만 계절
을 가리지 않고 내뿜는 일본 전통신사 특유의 운치가 충분히 매력적으로 다가왔다.

유모차를 끌고 지나가는 여인들, 친구들과 재잘재잘 떠들며 적막한 신사의 공기를 유쾌하게
바꾸고 있는 아이들의 곁을 지나쳐 조용히 신사 안을 거닐었다.
네즈신사는 깊이 있는 일본여행을 원하는 관광객들에게는 물론 많은 일본인들에게도 사랑
받는 휴식 공간이라고 한다.
도심 속이라고는 믿을 수 없을 만큼 짙은 녹음 속에 둘러싸여있기 때문이다.
과연 천천히 걷기만 해도 몸과 마음이 정화되는 것 같은 기분을 느낄 수 있었다.
모두 7개 건물이 들어서있는 작지 않은 규모여서 조용하고 여유로운 산책을 즐기기엔 더할
나위 없이 좋은 장소라는 생각이 들었다.

01 매년 4월에 철쭉, 진달래가 장관이다.
철쭉 마츠리(축제)로도 유명하다.

02 약 1900년전에 건립된 네즈신사는 많은
일본인들에게 사랑받는 휴식공간이다. 일본
에 가면 자주 들르는 마음의 휴양지 같은 곳.
입장료가 무료라서 더욱 기분이 좋다.

03 상념과 무념의 통로를 지나 나는
축복의 통로를 향한다.

04 어딜가나 세상사 고민은 비슷하다.
건강, 사랑, 합격, 취업‥

01 02

鬼大島 らめん 오니 오오지마 라면집

2007년 일본의 여름,
팔팔 끓는 8월은 정말 지독히도 더웠다.
아무리 이열치열이라지만 라면이 나를 살리기
도 죽이기도 하는구나! 라는 생각이 들 정도였다.
아~ 이 더운날 라면을 먹여야하나 싶은 생각
을 하니 진짜 죽을 맛이었다.
7,80년대 분위기가 그대로 느껴지는 단고자
카 사거리 초입에서 첫 번째로 보이는 라면집
에 무조건 들어갔다.

스미마셍~(잠깐 실례합니다)
낮 영업 시간이 끝났다고 한다.
"이거 참 일본도 유럽하고 비슷해지는구나"

01 오니 오오지마 라면집 주변

02 쉬는 시간인데도 취재를 위
해 열심히 요리를 준비해주는
후쿠이 주방장님 ‥

OPEN 12:00
CLOSE 02:00

연중휴무

🏠 文京区 千駄木 3-36-11
　 분쿄쿠 센다기 3-36-11
☎ 03 3824 4498
🚻 12석
🚇 도쿄메트로 치요다선 센다기역에서
　 도보1분, 야마노테선 니시닛뽀리역
　 에서 도보8분

03 찍지마요 (야메떼요)
04 친구가 된 기념으로 직찍~

후쿠이 주방장은 근성도 있고, 따뜻한 정도 있는 매력적인 사람이다. 사진 찍기를 매우 싫어했지만 칭찬과 설득을 몇 번이고 반복했더니 어린아이처럼 끝내는 부드러워졌다.
매우 귀엽고 순수한 인상의 주방장이다.

휴식 시간임에도 불구하고 촬영을 위해 라면을 정성껏 만들어주었다.
국물이 시원하고 담백해 더위도 싹 가시는 듯한 느낌의 아주 맛있는 라면이었다. 이 곳 말고도 전국에 체인점들이 성업을 이루고 있다고 한다.

05 국물까지 싹~ 비운 라면

01 5년 전에 주먹밥 전문점을 창업해 지금은 약 10개의 직영점을 운영하고 있다고 한다. 나도 옛날에 주먹밥으로 돈 좀 벌었는데‥

03 step

마이도 오니기리
米ど　お握り

라면집 바로 위 건물엔 주먹밥 전문점이 있다. 예전엔 그리 많지 않았던 주먹밥집이 요즘엔 자주 눈에 띈다. 식사 문화가 점점 간소화되기 때문인 것일까? 평일인데도 자기 차례를 기다리는 손님들이 꽤 많았다. 이 곳의 인기 비결은 감칠맛나는 주먹밥과 더불어 탁월한 서비스 정신이 아닐까 싶다.

Maido Onigiri

02 주인이 없어도 항상 친절한 아르바이트점원 아줌마들, 부럽다 부러워~
(난 주인인 줄 알았네‥)

03 먹음직스러운 주먹밥과 런치세트

04 step

단고자카 언덕길
団子坂

Dangojaka

에도가와 란포의 〈D비탈의 살인사건〉 외에도 모리 오가이의 〈청년〉, 나쓰메 소세키의 〈산시로〉등 이루 말할 수 없는 명작들에 등장했던 단고자카 언덕길을 걸어보았다. 골목에 들어서니 누구나 어린 시절을 떠올릴 수 있을 만큼 옛 우리네 뒷골목 모습과 닮은 풍경이 눈에 들어왔다. 계단 꼭대기에 올랐을 땐 나 역시 어릴 적 놀던 막다른 집 계단이 떠올라 순간 마음이 저릿했다. 어딘가 낯설지 않은, 어디선가 본 듯한 친근한 풍경이 가슴 한 켠의 추억을 되살렸다. 외국의 낯선 곳을 산책하면서 자신의 추억을 더듬어볼 수 있다는 것은 진귀한 체험이 아닐 수 없다. 이제는 정말로 나의 추억의 장소가 되어버린 이곳 단고자카 언덕길에서, 계단에 앉아 애정을 나누는 연인과 제 집처럼 편안한 자세로 잠에 빠져있는 고양이를 보며 한 없이 상념에 빠져들었다.

02 어릴 적 놀던 뒷골목 막다른 집 계단이 떠올랐다.

03 파란색은 인도 빨간색은 차도

05 step

Saganoya Senbei

사가노야 센베이
嵯峨の家 煎餅

야네센 산책코스에서 120년 된 일본전통 과자전문점 사가노야 센베이를 그냥 지나칠 순 없었다. 일본에서 전통을 잇는 여러 가게들이 그렇듯 3대째 내려오는 이 센베이 가게에 들어선 순간, 물건 하나하나에서 혼이 느껴졌다. 어렸을 적 외가집 앞에 있던 구멍가게 분위기를 쏙 빼닮은 가게여서 더욱 친근하게 느껴졌는지도 모른다. 손님 중엔 노인들은 물론이고 젊은이들도 꽤 섞여있었다. 전통의 맛이란, 늘 그렇듯 참 깊다. 세대를 뛰어넘는 비결이다.

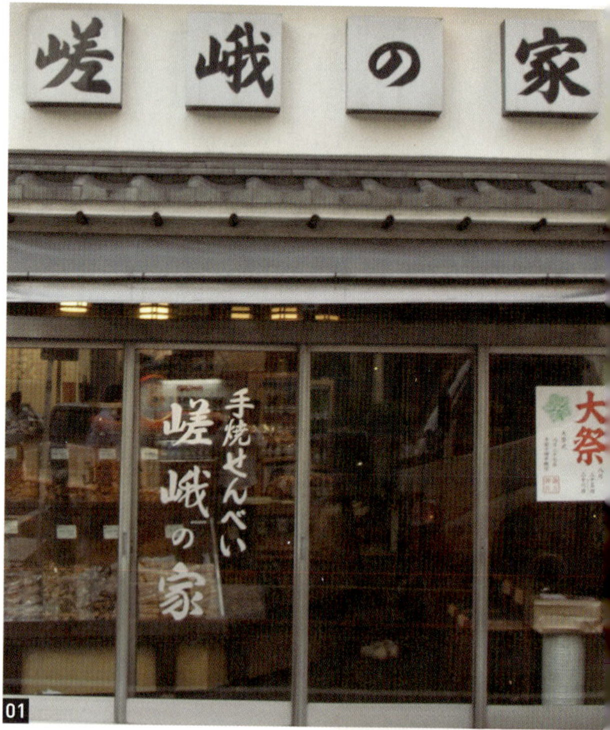

01

01 120년된 일본 전통 과자전문점 사가노야점. 드르륵 삐걱거리며 열리는 문소리도 정겹다.

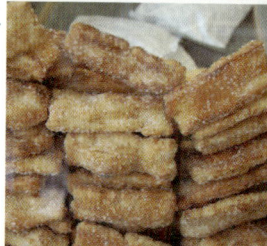

02 정겨움과 여유로움이 배어나는 주인아저씨의 마음처럼 센베이에 대한 자부심은 대단했다.

04 커피전문점 카야바
메이지시대에 생긴 커피전문점으로 커피뿐 아니라 밀크쉐이크도 탁월하다.

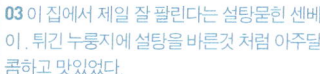

03 이 집에서 제일 잘 팔린다는 설탕묻힌 센베이 . 튀긴 누룽지에 설탕을 바른것 처럼 아주달콤하고 맛있었다.

Scai The Bath House

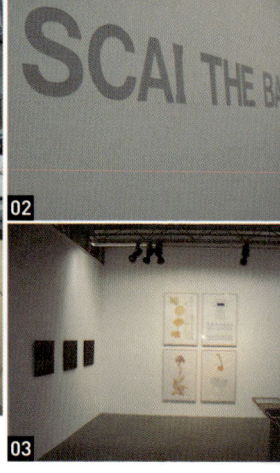

01 낡고 버려져 있던 공중목욕탕을 갤러리로 개조했다는 자체만으로도 일본인의 기발한 아이디어가 돋보이는 곳이다.

원래는 200년 역사를 지닌 대중목욕탕이었던 'Scai The Bath House'는 1993년에 갤러리로 개조하여 재오픈 했다. 지금은 현대미술관으로서의 역할을 톡톡히 해내고 있어 관광객은 물론 일본인들의 발길도 잦다고 한다. 각 공간마다 그곳에 어울리는 작품들을 배치해 작품과 공간의 미학을 함께 살리고 있었다. 작품도 작품이지만 갤러리의 전시 센스가 인상적이었다. 어떤 현대미술관은 '모던'이라는 핑계로 텅 비어있고 볼거리가 적은데 이곳은 짧지만 주의 깊게 살펴볼 거리가 많은 알찬 작품으로 가득했다.

02 영문간판

03 Scai The Bath House는 일본에 소개되지 않은 해외 작가들의 작품을 적극 유치하여 전시하는 곳으로도 유명하다.

05 갤러리 옆 공방에 서있는 사람 크기의 슈퍼맨

04 공간미가 돋보이는 갤러리의 작품이 인상적이다.

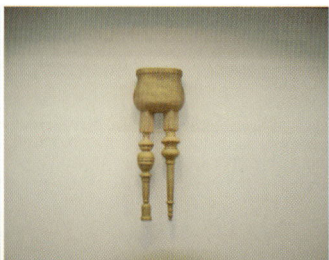

07 step Asakura Choso Museum

01 대나무를 모티브로한 일본전통 정원과 서양건축양식의 아뜨리에가 조화롭게 이루어져있어 아사쿠라 작가의 개성을 느낄 수 있는 곳이었다.

메이지 시대부터 쇼와 시대까지 활약한 조형미술가 아사쿠라, 그가 설계한 주거겸용 개인박물관인 아사쿠라 조소 박물관에 들렀다. 그 안에 전시되어있는 작품들도 그렇지만 박물관 자체가 눈을 뗄 수 없을 정도로 매력적인 곳이었다. 건물이 너무나 번듯해서 '내용물'을 걱정했지만 안으로 들어서니 500점이 넘는 작품이 '걱정말라'는 듯 야무지게 전시되어 있었다. 한 눈에도 참 볼거리가 많아 보이는 박물관이었다. 개인박물관치고는 어느 모로 보나 나무랄 데가 없는 곳이었다. 혹여 개인박물관을 갖고 싶어 하는 이들이라면 꼭 한번 와볼만한 곳이라는 생각이 들었다.

02 일본 유형문화재로도 지정되어 있다.
03 500점이 넘는 작품이 상시 전시되어 있다.

네즈노타이야끼
根津のたい焼き

우리나라에선 붕어빵이라 불리는 먹거리가 일본에선 도미빵으로 불린다. 네즈에서 50년 이상 판매해온 네즈 도미빵 가게, 네즈노타이야끼.

메이지 8년, 약 50년 전 센베이 과자가 주름잡던 시대에 새로운 먹거리로 틈새를 공략해 군것질 시장에 한 자리 크게 잡은 도미빵.

01 가게 앞은 항상 북새통을 이룬다. 손님이 하루에 1000명 이상

02 늦게 가면 품절이라는 소식을 듣고 나 역시 일찌감치 행렬에 합류했다.

03 적당히 달고 맛있는 단팥앙금이 입안에 가득 고인다.

04 깔끔한 작업복차림으로 도미빵을 만드는 사장님의 모습. 한 없이 진지한 모습에서 장인정신이 느껴진다.

전통찻집 茶茶

네즈신사를 내려오다 茶茶 라는 일본 전통 찻집에 들렀다. 전체적인 카페 분위기는 고풍스러우면서도 환한 인상이다. 전통찻집 특유의 푸근함이 깃들어있어 편안하게 시간을 보낼 수 있는 곳이었다.

01 생긴지는 3년 밖에 안됐지만 깔끔한 분위기와 다양한 메뉴가 있어 차와 전통차와 함께 한끼 식사를 해결할 수 있는 곳이다.

02 정성스런 모양이 먹기에 아까울 정도였다.
03 가게는 작았지만 종업원은 4명이나 된다 그만큼 서비스는 굿~
04 일본 전통차인 말차

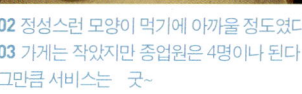

난 막다른 골목에 살았다.

수없이 계단을 내려가고 또 올라가면서
늘 4차원의 아름다운 세상을 꿈꾸곤 했다.

야네센 사거리의 막다른 골목길. 후지산이 보인다는 계단 한구석에 다
다르자 상념에 젖었다. 사랑을 속삭이는 젊은 남녀의 애틋한 표정과 그
뒤에 세상모르고 자고 있는 고양이의 평화스런 풍경 사이로 잠시 잊고
있었던 어린 시절 골목길의 필름통이 열리는 듯했다.
하나 둘 추억의 계단을 밟으며 내려오니 어느새 8월의 뜨거운 태양도
한 계단 한 계단 서서히 지고 있었다.

동경대
The University Of Tokyo

야요이 미술관
다케히사 유메지 미

야스다 강당

동경대 정문

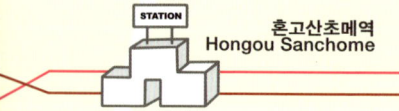
初代 けいすけ
쇼다이 케이스케 라면집

동경대
The University Of Tokyo

중앙 학생식당

산지로 연못

종합 도서관

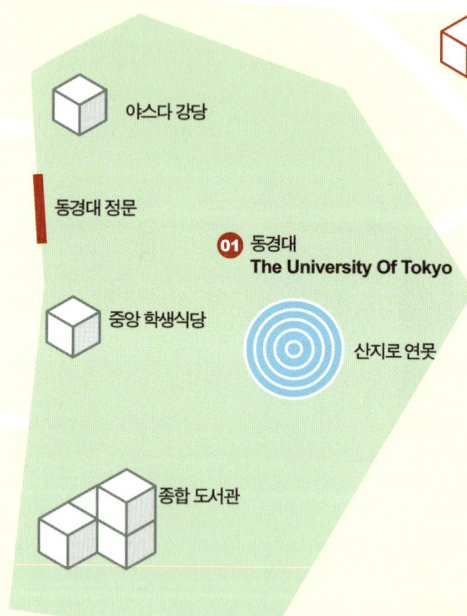

STATION

혼고산초메역
Hongou Sanchome

오에도센 大江戸線 (Oedo Line)

마루노우치센 丸ノ內强い線 (Marunouchi Line)

3

동경대

東京大

동경대학교 캠퍼스 안은 건물마다 건축양
식이 달라 산책 코스로 좋다. 무엇보다 전통
과 역사를 그대로 보존한 듯한 고풍스런 멋
이 캠퍼스 곳곳에 배어있어, 뭐라 표현할 수
없는 평온함을 준다. 마치 자연박물관 산책
로를 걷는 것처럼 자연의 기품이 그대로 전
해지는 곳. 캠퍼스 내에 있는 연못 '산시로'
는 소설 속에도 자주 등장하는 명소인데 사
계절 내내 아름다운 풍광을 이뤄 많은 일본
젊은이들이 데이트 코스로 즐겨찾는 곳이
기도 하다. 나 역시 설레는 마음으로 동경
대 주변을 거닐어 보았다.

The University Of Tokyo

01 step
동경대

어른이 되면 꼭 한번 가보고 싶었던 곳이 동경대였다.

어릴 적 우리 아버지의 자랑의 시작은 늘 "큰아버님이 동경대 나오셨다"고 말씀하시면서

당신의 집안은 훌륭하고 똑똑하다고··

그래서 그 곳에 가기로 맘을 먹었다.

도착한 동경대의 캠퍼스는 건물 건물마다 건축양식이 달랐다.

전통과 역사를 그대로 보존한 듯한

뭐라 표현할 수 없는 평안함을 주는 자연박물관 산책로 같았다.

캠퍼스 내에 있는 연못 '산시로 (さんしろ)'는 소설 속에 등장하기도 한 명소라고 한다.

캠퍼스의 모습이 사계절 내내 아름다워 많은 일본 젊은이들이 데이트 코스로 즐겨 찾는 곳이기도 하다

내가 고 3때 울 엄마는 서울대학교에 가서 학생들이 먹다 남긴 음식을 몰래 가져와 나에게 먹였다고 한다.

좋은 대학 가라고··

이제 나에게도 아들이 있다.

동경대 학생 매점에 들렀다.

우습게도 그 곳에서 나의 아들을 위해 만주를 샀다.

우리 아들 좋은 대학 가라고··

01 한국의 서울대와 같다는 동경대 캠퍼스다. 산책하기에 너무도 좋아 꼭 추천하고 싶은 코스다. 일본대학 생들의 모습도 보고 대화도 할 수 있어서 좋았다.

02 어느 나리이건 대학을 상징하는 건물은 도서관 시계탑인가보다. 많은 학생들의 눈길로 닳고 닳아 어딘지 부드러운 인품을 지녔을 것만 같은 시계탑이 제일 먼저 눈에 띄었다.

03 혼코우 도로에 위치한 유명한 동경대 아카몬

건물들은 동경대의 역사와 명성을
한층 높여주고 있었다.

01 고대 유럽 건축 양식을 그대로 옮긴 듯한 대학 건물
02 동경대 캠퍼스 내에는 영화 속에 등장하는 건물들이 많이 있다.

영화 속에 자주 등장하는 캠퍼스 내를 이곳저곳 거닐다 보니 자연스레 산시로 (さんしろ) 연못가에 다다르게 되었다. 이 곳은 일본 국민작가 나쓰메 소세키 (1867-1916)의 〈산시로〉라는 유명 소설을 기념하여 만든 연못으로, 마치 소설 속으로 들어온 것 같은 평온하고 아름다운 분위기가 느껴지는 곳이다. 비둘기가 낙엽 밟는 소리까지 들릴 것 같은 고요하고 어딘가 현세의 시공간이 아닌 것만 같은 장소다. 비둘기가 밟는 가을날 낙엽 소리가 들려오는 듯하다.

한참 공상에 빠져있다 교내식당
에 가서 동경대 명물인 만주단팥
빵을 먹었다. 식당엔 대체로 가격
이 저렴하면서 맛도 괜찮은 메뉴
들이 다양하게 준비되어 있었다.

01 동경대 명물인 만주단팥빵

02 동경대 교내식당. 동경대 로고가 새겨져
있는 각종 기념품을 구입할 수가 있다.

03 계단에 라면이라고 스티커로 안내판을
붙여놨기에 봤더니 벌써 품절이란다.
(일본 사람들은 눈도 좋아)

야요이 미술관　다케히사 유메지 미술관
弥生美術館　　竹久夢二美術館

01 기모노를 입은 가녀린 여인의 그림이 그려진 현판을 따라가니 동네 구민회관 같은 간소한 입구가 나타났다.

동경대 후문으로 나와 오른쪽으로 걷다보니 야요이 미술관과 다케히사 유메지 미술관이 나타났다. 두 미술관은 서로 연결되어 있는데 각각의 건물은 다카바타케 카쇼(야요이 미술관)와 다케히사 유메지(다케히사 유메지 미술관)라는, 두 유명 화가의 작품을 전시하는 기념 미술관이었다. 개인적으로 잘 모르는 화가들이 었지만 작품만은 참 볼만했다. 각각의 미술관이 규모는 크지 않지만 작품 수가 엄청나서 시간을 들여 천천히 관람하는 것이 좋겠다는 생각이 들었다. 특히 야요이 미술관은 삽화만 전문적으로 전시하는 동경 유일의 삽화전문 미술관이라 관람 가치가 있었다. 삽화에 관심이 있는 사람이라면 추천하고 싶은 산책코스다.

02 유료입장인 것이 아쉽긴 했지만 다양한 기획전들이 준비되어 있어 피곤한 몸과 마음을 잠시 쉴 수 있게 해주었던 공간이다.

初代 けいすけ らめん 쇼다이 케이스케 라면집

OPEN 11:00
CLOSE 23:00 연중휴무

동경대 정문 앞에 있는 라면집이다.
3년 전에 생긴 퓨전라면집인데, 마치 우리나라 짜장라면이 연상되는 라면을 개발해 전일본을 강타한 초특급 대박집이다. 다케다(竹田) 라는 젊은 사장은 이곳 말고도 동경에만 6개의 라면전문점을 운영하고 있다.
동경라면 달인 6인에 선정되어 오다이바에 있는 동경라면 국기관에도 초대될 만큼 성황을 이루고 있다.
라면 1대, 2대, 3대를 자기대에서 만들어 동경대엔 흑라면, 그 밖의 지역엔 토마토 소스라면과 새우스프라면이 대박행렬을 계속하고 있다.
역사와 전통을 자랑하던 일본라면계에 창업한지 3년 만에 무섭게 돌풍을 일으키며 뜨고있는 라면달인의 가게다.

🏠 文京区 本郷 5-25-17 ドミネンス本郷102
　 분쿄구 혼고 5-25-17 드미넨스 혼고102
☎ 03 3815 2710
🛏 10석
🚌 혼고 산쵸메역에서 도보4분.
　 동경대학 빨간 정문 맞은편

01 다케다 사장은 라면에 들어갈 검정콩과 양파와 일본된장을 섞어서 만든 까만 된장을 개발해 현재 동경에서 가장 유명한 라면집 주인의 한 사람으로 주목 받고 있다.

02 흑라면의 주원료 7종류의 된장과 대나무 숯을 2주간 숙성시켜 만든 스프의 맛은 가히 상상을 초월하는 환상적인 맛이다.

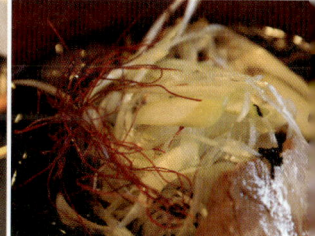

03 한구인의 입맛에도 잘 맞아 아주 맛있다고 말할 수 있는 훌륭한 라면이다.

일본의 젊은이들이 가장 가고 싶어하는 대학
유명 석학들을 배출한 명문 동경대

그 곳을 산보하면서 이런 생각을 해 본다
신축건물에 높게만 올라간 그리고 비슷한 모양새의 건물과 강의실만 즐비한
우리나라 대학의 정경들.
왜 우린 늘 새로운 것 찾기에 급급하고 전통적인 역사가 있는 건물은 거의 없을까?
지역 주민은 물론, 먼 곳에서도 일부러 찾아가고 싶고 걷고 싶은 대학이 한국에도
많아 졌으면 좋겠다.

자연과 함께 숨쉬고,
생각하고,
즐길 수 있는 여유로운 캠퍼스를 그려보면서 바람이 낙엽을 밟는 소리가 들려오는
어느 가을날 동경대 교정 한 모퉁이 벤치에서··

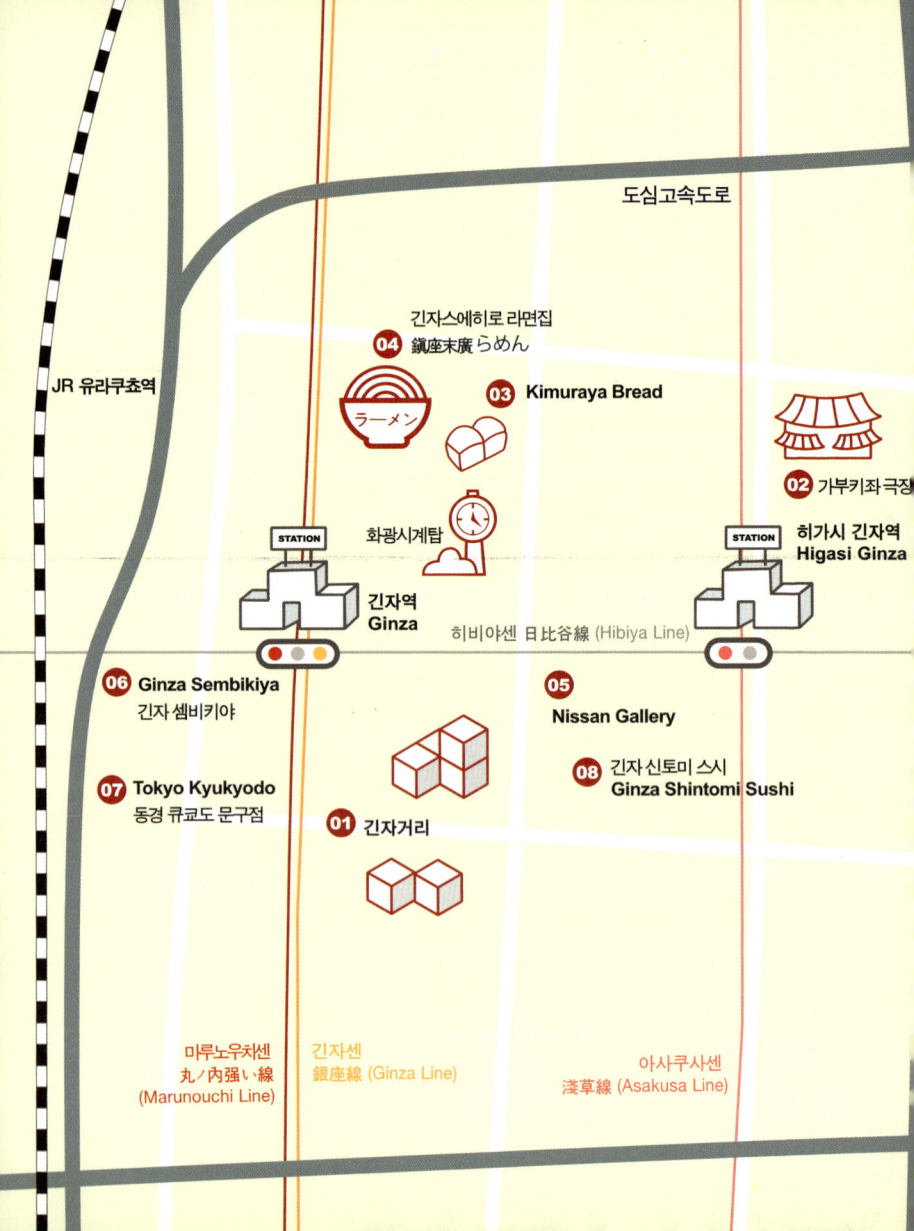

도심고속도로

JR 유라쿠쵸역

긴자스에히로 라면집
04 銀座末廣 らめん

03 Kimuraya Bread

02 가부키좌 극장

화광시계탑

STATION

히가시 긴자역
Higasi Ginza

긴자역
Ginza

히비야센 日比谷線 (Hibiya Line)

06 Ginza Sembikiya
긴자 셈비키야

05
Nissan Gallery

07 Tokyo Kyukyodo
동경 큐쿄도 문구점

08 긴자 신토미 스시
Ginza Shintomi Sushi

01 긴자거리

마루노우치센
丸ノ内強い線
(Marunouchi Line)

긴자센
銀座線 (Ginza Line)

아사쿠사센
淺草線 (Asakusa Line)

긴자

네오르네상스 양식의 긴자 와코 빌딩 앞을 지날 때면 왠지 가슴이 두근두근 거린다. 일본에서 가장 스타일리시한 여성들이 거리를 활보하는 곳. 기분 좋은 일이 일어날 것만 같은 거리, 긴자는 나에게 설레임을 주는 장소다.

Ginza

01 step
긴자거리

'긴부'라는 말이 있다.

괜히 목적도 없이 긴자에서 '부라부라(어슬렁어슬렁)'거린다는 뜻으로 쓰이는
말이기도 하고 긴자에 놀러간다는 뜻도 있다.
이 말이 탄생하게 된 계기는 예전 긴자의 유명 카페였던 파우리 스타(현재는
없음)에 모인 예술가와 작가 동인이 긴자에서 부라부라 커피를 마시던 문화에
서 유래한 것이라고 한다. 예술가들이 여유롭게 시간을 보낼 수 있는 곳, 긴자.
나 역시 일본에 가면 늘 긴자에 가서 어슬렁거리며 산책을 하게 된다.

쇼핑을 목적으로 이곳에 오는 사람들은 2월과 7월이 적기다.
이때 이곳 긴자 명품거리와 백화점에서는 빅 바겐세일을 하는데 운이 좋으면 명품
을 단돈 1만원에 살 수 있을 정도로 파격가로 판매한다.

Ginza St.

한여름 주말에 이곳을 찾아보았다.
멋진 남녀가 즐비한 긴자거리를 걷고 또 걷는데 주말이라 그런지 차 없는 거리로, 도로까지 오픈되어 산보하기엔 더 없이 좋은 여건이었다. 천천히 거리를 둘러보니 사람은 넘쳐나지만 거리는 깨끗했다. 긴자거리는 흡연 구역까지 따로 정해져있을 정도로 위생관리가 철저하기 때문이다. 긴자의 거리는 참 볼거리가 많은 재미있는 산책로라는 생각이 든다.

01 더운 날 힘들게 고생했지만 돈은 많이 벌지 못했던 외국인 퍼포먼서

02 반대로 기타와 북을 치며 호응을 얻은 외국인 악사

03 긴자에 가면 꼭 들리는 서점. 작지만 독자가 원하는 책은 언제든지 구해 주는 서비스 정신에 늘 감동한다.

04 긴자에 어울리는 여자는 누구인가? 자기 판단이 뚜렷한 여자. 패션과 트렌드에 민감한 여자. 타인의 주목을 받는 걸 즐기는 여자.

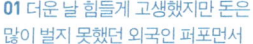
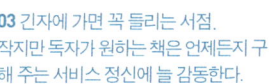

05 주말이면 차 없는 거리로 산보하기 너무 좋은 긴자거리. 산책 나온 사람들을 위해 길가에 파라솔과 의자를 배치해놓은 배려가 맘에 든다.

가부키좌 극장
歌舞伎座

메이지 22년(1889년)에 연극보급운동의 일환으로 개장한 가부키좌는 수많은 명배우와 작품을 이곳에서 배출했다. 우리나라의 국립창극단과도 비슷한 전통소재를 중심으로 공연을 하는 이 곳은 출연하는 배우 모두가 남자인 것이 특징이다. 이와 반대로 여배우들만 출연하는 뮤지컬 연극을 다카라츠카라고 한다. 일본 유형문화재의 하나이기도 한 가부키좌 극장은 일본인이 가장 사랑하는 유형문화유산 중의 하나이다.

01 02

01 좋은 자리에서 공연을 관람하려면 1년 전에 예매를 해야 볼 수가 있다. 언제나 극장은 만원사례를 이루고 있으며 이런 모습은 우리나라와는 너무도 대조적이어서 부럽기까지도 했다.

02 극장 앞에선 언제나 기모노를 예쁘게 차려입은 일본 여인을 쉽게 볼 수 있다.

키무라야 빵집
キムラ屋

01 작은 콩과 술 효소 비법으로 만든 130년 전통의 단팥빵(126엔) 음~ 맛에 취한다.
02 한입에 쏙 들어오는 크림치즈와 카스타드 크림의 절묘한 조화

긴자에서 탄생한 130년 전통의 단팥빵 전문점 키무라야. 나 역시 산책길에 이곳을 찾아 단팥빵 맛을 보기로 했다. 키무라야의 앙팡(단팥빵)의 맛은 일본인 가슴에 고이고이 간직된 고향의 맛이라고 할 수 있다. 이 집 비법은 술 찌꺼기 효소(사가다네)로 만든 밀가루 반죽에 숨어있다.

130년 전에 빵을 만들 때 꼭 쓰였던 베이킹파우더 일명 소다를 사용하지 않고 일본에서 최초로 술의 효소를 이용해 만든 것이 지금의 일본을 대표하는 단팥빵이다. 지금도 그 기술과 전통이 그대로 이어져 내려와 언제든지130년 전의 맛을 즐길 수 있는 곳이 바로 키무라야 단팥빵집이다.

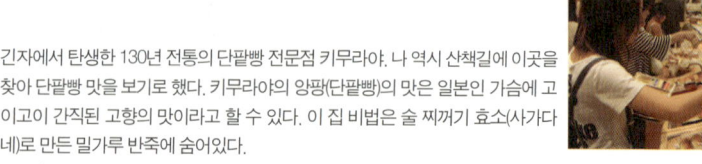

03 손님은 하루 약 3000명 정도

Kimuraya Bread

酒種

白

税込

一二六円

酒種

うぐいす

税込

一二六円

04 제일 잘 팔린다는 백단팥과 북해도
산 콩을 주원료로 만든 전통 단팥빵

04

05

05 진짜 손님이 많다 많다 해도 너무 많다.
이렇게 130년 전부터 쭉 이어 팔린다고 하니 어휴~ 부럽다 부러워.
4층 건물 전체가 다 키무라야 단팥빵집이다.

銀座末廣 긴자스에히로 라면집

와코(和光) 빌딩 뒷골목에 있어서 유심히 봐야 찾을 수 있다.
이 가게는 긴자서점 매니저가 추천 해준 집이다.

2007년 8월의 여름!
긴자의 여름은 섭씨 40도를 넘나들면서 라면여행 중인 나를 무척 지치고
힘들게 했다.
이런 와중에도 나의 피로를 달래주는 것이 있었는데 이열치열이라고나 할
까? 뜨거운 국물을 들이키고 난 후 곧바로 마시는 아주 차가운 우롱차 한잔
이 어찌이리 찰떡궁합이던지!
이 집 주인은 원래 긴자에서 유명한 재즈클럽의 연주자라고 한다.
가게는 23년 전에 그가 부업삼아 만들었는데 지금은 많은 단골과 주변 사람
들의 사랑을 받는 곳으로 자리를 잡았다고 한다. 이 집 라면의 맛은 가장 일
본스러운 미소 맛이 많이 차지하고 있다.
작지만 소박한 일본 뒷골목의 정감 있는 깔끔한 라면 집.
다시 찾고 싶은 마음과 정겨움이 함께하는 공간이다.

OPEN 11:30
CLOSE 23:30 연중휴무

🏠 中央区 銀座 4-3-2 츄오구 긴자 4-3-2
☎ 03 3564 1203
🛏 22석
🚌 도쿄메트로 긴자선 긴자역에서 도보1분

Ginzasuehiro

01 01 마치 보디가드처럼 서있는 라면 집 종업원. 테이블 옆 여자 손님에게 라면 맛이 어떠냐고 물어보려고 했더니 식사 중에 방해하지 말라고 한다. 무뚝뚝하긴 해도 열심히 일하는 모습이 기특하기도 했다.

02 일본을 대표하는 간장, 소금, 미소 라면 등이 다양하게 준비되어 있다.

03 일본의 가장 전통적인 미소라면의 원조를 맛보는 듯한 느낌이었다.

04 컵에 맺힌 이슬이 왜 그리도 시원하던지

Nissan Gallery Ginza

긴자에 들르면 꼭 한번 가볼만한 곳이 몇 군데 있는데 닛산 갤러리 긴자점도 그 중 한 곳이다. 두말할 필요 없이 일본의 최신형 자동차를 누구보다도 빨리 볼 수 있다는 점이 이 곳의 가장 큰 즐거움이자 장점이다. 나는 2009년에 출시될 신차를 이리저리 구경하며 한껏 들떠 있었다. 전시되어있는 신차는 외양도 그렇지만 인테리어도 꽤 멋졌다.

01 차안의 인테리어가 맘에 든다. 일본 특유의 오른쪽 핸들

02 이 아가씨 참 친절하다. 몇 차례 포즈를 요구해도 방긋 방긋 웃는 표정이 참 마음에 든다.

03 실내에서는 자동차에 관련된 정보를 검색할 수 있다

04 빨강과 흑색이 대비된 신차 모델이 매력적이다. 2009년 발매 예정이란다.

동경큐쿄도 문구점
東京鳩居堂

1663년에 창업한 일본식 전통문구점 동경큐쿄도에 들렀다. 동경큐쿄도 긴자점은 1942년에 오픈했다고 하니 이 곳 역시 전통과 역사를 자랑하는 명소인 셈이다. 빌딩전체가 문구점인 이 곳은 문구류가 이렇게 아름다울 수 있나 싶을 정도로 엄청난 양의, 대단한 질의 상품들이 즐비해 감탄을 자아내는 곳이다.

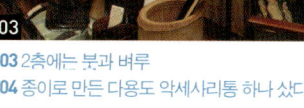

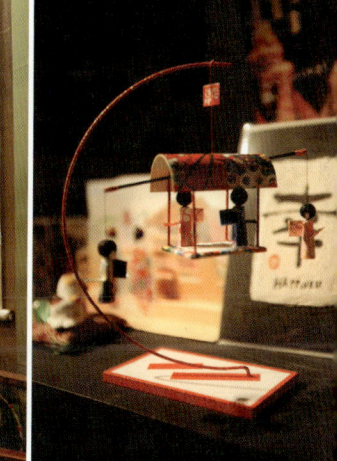

01 1층에 들어설 때부터 형형색색 아름다운 종이류가 마음을 사로잡는다.
02 2층에서 내려다 본 문구점 모습
03 2층에는 붓과 벼루
04 종이로 만든 다용도 악세사리통 하나 샀다.

08 step

과일전문카페 Ginza Sembikiya 銀座千疋屋総本店

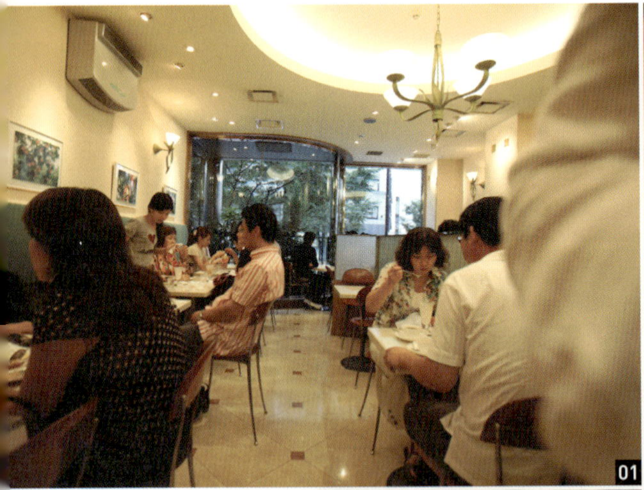

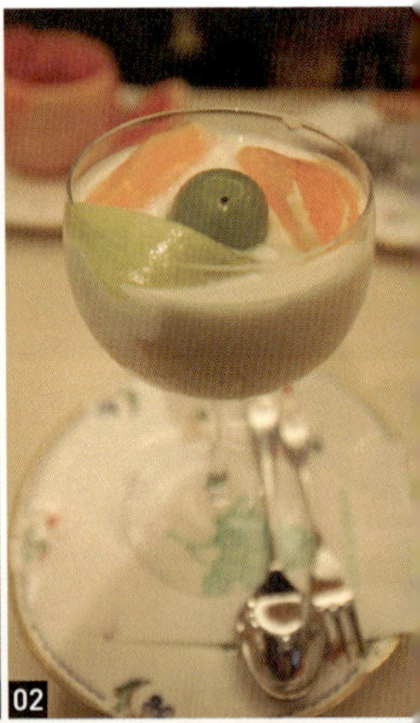

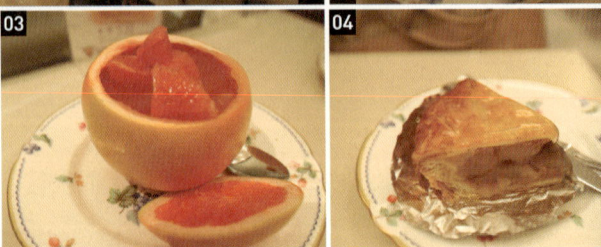

01 2층과 지하1층에 좌석이 마련되어 있는데 손님이 전부 여성고객으로 꽉 차 있었다.

02 이 집의 대표메뉴인 와인잔에 들어있는 후르츠 요구르트 **03** 자몽으로 만든 젤리 그리고 **04** 사과파이는 찰떡궁합을 연출하고 있다.

일본 최초의 후르츠 파르페와 펀치를
탄생시킨 과일전문카페

05 줄서서 오래 기다리다 잠시 얘
기를 나누었던 일본인 커플에게 자
~한 장 찰칵
06 이 곳을 알려준 점성가 히노꼬
상. "이 집이 아주 유명하고 맛있는
곳이에요~ 석상" 처음엔 왠지 그래
서 취재를 안했었는데 안했으면 엄
청 후회할뻔 했다. 고마워요 히노
꼬상. 선물~

07 1층에선 신선한 과일을 직접 판매하고 있다.
08 예쁘고 맛난 특산물이 선물용으로 가득 전시
되어 있다.

09 step

긴자신토미 스시 Ginza Shintomi Sushi　　　銀座新富寿司

쇼와 1년에 창업한 긴자의 유명한 스시전문점이다. 보통 긴자에서 스시를 먹는다는 것은 감히 생각도 못했었다. 그만큼 긴자는 스시가 비싸다는 선입견이 크기 때문이다. 그런 긴자에서 이 집은 런치메뉴를 2900엔(약3만원)이면 맛볼 수 있다. 일본스시전문점 Top10에 들어가는 유명 스시가게를 이용할 수 있는 좋은 기회이기도 하다. 가부키 배우들은 물론 에술인들의 사랑을 많이 받는 곳으로도 유명하다.

01

02

02 가게 입구 전경

03

01 즉석에서 스시를 만들어주는 요리사들의 눈빛에선 카리스마가 철철 흐른다.
03 카스테라스시라 이상할것 같았는데 촉촉하게 희한하게 맛있었다.

04 하이 도조~
주방장은 한마디도 없이 스시를 만들어 낸다. 스시를 테이블 위에 직접 놓는다

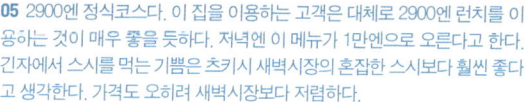

05 2900엔 정식코스다. 이 집을 이용하는 고객은 대체로 2900엔 런치를 이용하는 것이 매우 좋을 듯하다. 저녁엔 이 메뉴가 1만엔으로 오른다고 한다. 긴자에서 스시를 먹는 기쁨은 츠키시 새벽시장의 혼잡한 스시보다 훨씬 좋다고 생각한다. 가격도 오히려 새벽시장보다 저렴하다.

06 7000엔 가격의 스시다. 보는 것도 그렇지만 2900엔 코스와 별 차이 없었다. 좀 다를 줄 알고 7000엔 짜리 정식을 시켰는데··
07 아~ 이집 스시 진짜 죽인다!! 물~

071

epilogue

8월 중순

내 인생 두 번째로 무더운 여름날의 긴자 여행이었다.
긴자를 특집으로 다룬 책에서 긴자는 역사와 전통, 그리고
미래의 시공간을 넘나드는 거리라고 말한다.

1억엔이 넘는 귀금속 다이아몬드가 있는 세계 초일류 브랜
드와 130년 전통의 100엔 짜리 단팥빵의 절묘한 궁합이 어색
하지 않은 긴자거리.

일본 전통 가부키 공연을 보러 기모노를 곱게 차려입고 긴자
거리를 거니는 여인의 뒷모습이 아름다운 곳 긴자.

긴자의 밤 별들이 나를 반긴다.
그리고 100년 된 삿뽀로 맥주맛이 한여름 밤의 무더위를 잠
시나마 잊게 해준다.

캬~ 오카와리구다사이(한잔 더 주세요)

05 갓빠바시 거리

● 국제도오리

01 아사쿠사의 옛정문

らめん亭
라멘테이

06 浅草天藤 아사쿠사 텐동
Asakusa Tendou

04 ラーメン

아사쿠사역
Asakusa

02 나카미세 상점가

민영철도선 (Private Railways)

● 수상버스
선착장

STATION

아사쿠사역
Asakusa

STATION

긴자센 銀座線 (Ginza Line)

타하라마치역
Taharamachi

● 아사쿠사 도오리

03 どぜう 도제우
Dozeu

아사쿠사센 淺草線 (Asakusa Line)

아사쿠사

아사쿠사는 정말이지 몇 번을 찾아와도 언제나 다양한 재미를 주는 곳이다. 아사쿠사 거리 초입의 문, 카미나리몬(카미나리문) 앞에 서있는 인력거를 이리보고 저리보고 한참을 구경하다가 결국 타보았다. 강변을 따라 난 산책로를 지나 스타광장에 들어서서는 일본의 명감독이자 코미디언인 비토 타케시의 손도장을 구경하고 많은 연예인과 공연장이 있다는 육구거리까지 거닐었다.

Asakusa

01 원래 정문의 모습이래요. 왠지
기분이 이상하더군요.
여기가 아사쿠사의 정문이라니
너무도 낡고 초라한 모습이··

01 step   아사쿠사   오늘 산보의 시작은 인력거로··
섭씨 41도의 무더위 속에서 힘주어 달리는 인력거꾼 아저씨가
어쩐지 안쓰러웠지만 내 눈은 생각할 겨를 없이 자꾸만 아사쿠사
경내 곳곳을 쫓고 있었다.

02 항상 아사쿠사에 가면 아사쿠사 정문이
카미나리몬인줄 알았는데 아니라네요.

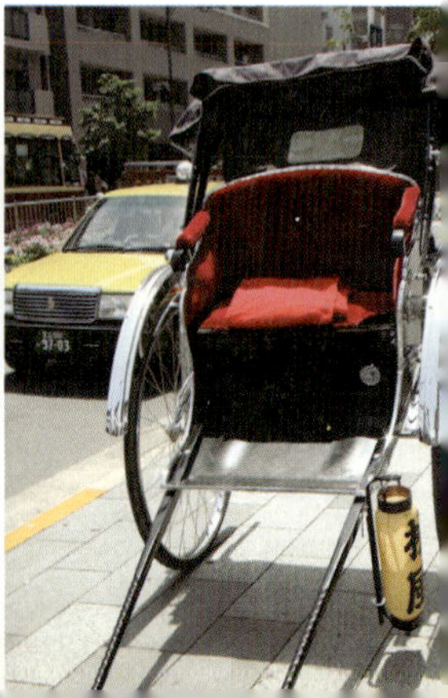

03 아~ 그 옛날 인력거 아저씨도 이렇게 달렸을까?
지금은 섭씨 41도, 달려라 달려~ 에도의 시대로!!

04 헉~헉 여기는 아사쿠사 경내
입니다.

05 저기 보이는 노란게 아사히빌딩인데요
응꼬(똥)빌딩이라고도 해요.

06 여기는 강변을 따라 걷는 산책로예요.

07 여기는 스타광장이고요.

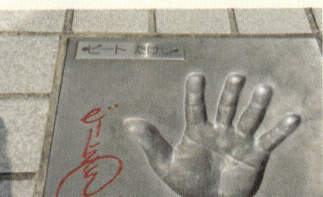

08 일본의 명감독이자 코미디언
비토 타케시의 손이에요.

09 이곳은 많은 연예인과 공연장이
있는 육구 도로 랍니다.

10 저녁에 술생각 나시면 저기
일본선술집 골목으로 오세요.

11 인력거 청년이 소개한 이자카야 선술집

12 아내와 맥주 한잔! 카아~좋다.

02 step

나카미세(仲見世)거리에서 꼭 가봐야할 상점 Best 5

01

〈むさしや人形店〉 무사시야 인형점은 나카미세에서 유일한 고양이인형 전문점. 이 집 주인은 실제로 고양이를 11마리나 키우고 있다고 한다.

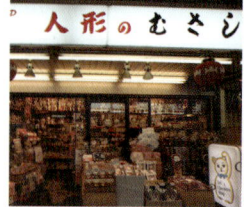

나카미세 중간블럭에 위치해 있다.

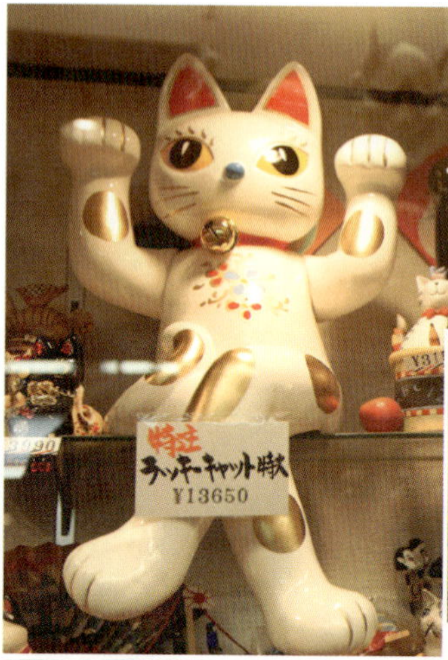

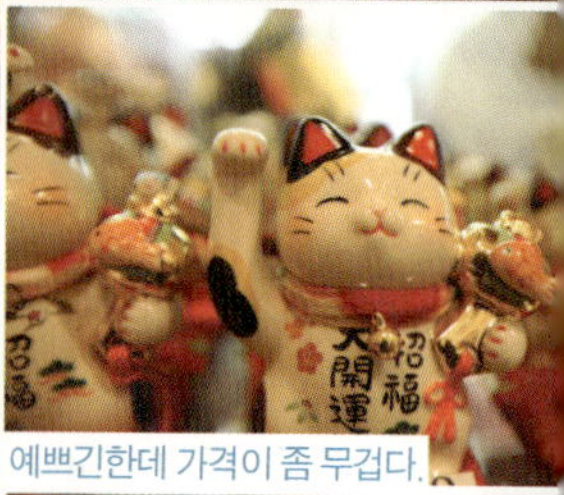

예쁘긴한데 가격이 좀 무겁다.

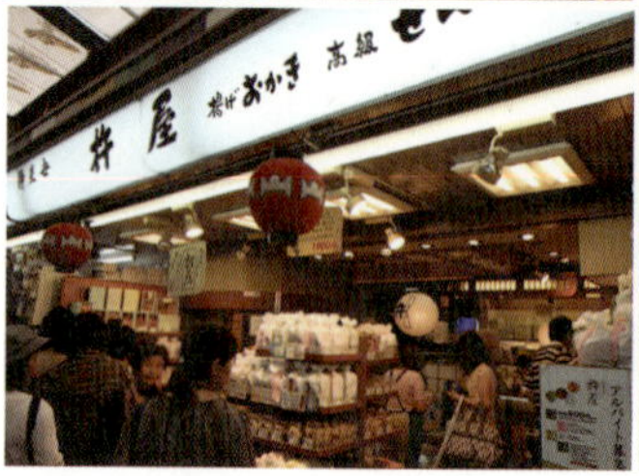

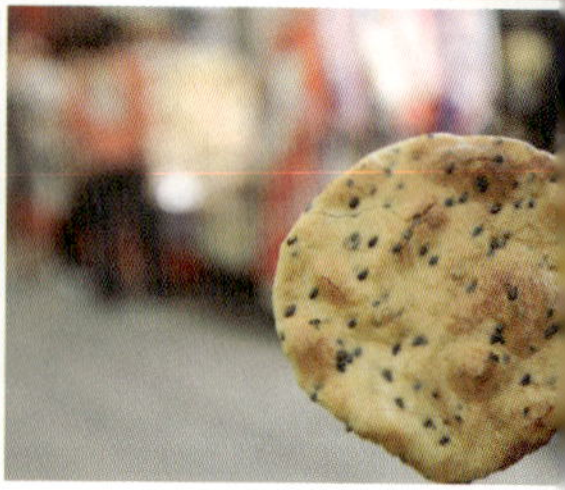

02

아버지가 좋아하던 센베이
버진 센베이에 겨자 간장을 찍어서 안주로 드셨다. 지금도 일본에선 센베이를 먹을 때 간장을 찍어 먹기도 한다. 아~ 울아버지가 사다주신 센베이 맛 그대로다.

03

100년도 넘은 양갱, 팥앙금 전문점. 가게 이름은 우메조노(梅園). 나카미세 중간 블록에서 빠져나와야 찾을 수가 있다.

가게 전경

04

카메야 인형구이 빵집
전통 탈모양의 빵이 7개에 500엔이다. 팥이 유명하기로 소문난 홋카이도 토카치산 팥을 팥앙금으로 사용해 맛과 영양이 매우 좋다.

방금 만든 인형빵을 먹어보지 않은 사람은 맛을 물어보지 말것~!

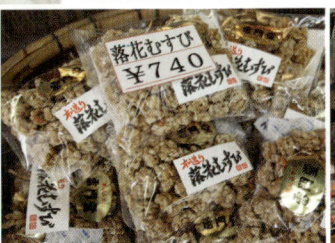

05

콩으로 만든 과자 전문점이다.
이름은 바이린도(梅林堂)다.

더운날에 기모노를 입은 젊은이들이 보였다. 곧 마츠리(축제)가 열릴 모양인가보다.

03 step

일본전통 추어탕집 도제우

01 가격이 좀 비싸지만 1450엔
짜리 나베(냄비)가 인기만점

쉽게 지치고 피로해지는 여름 산책길엔 가끔 보신 음식을 먹어주는 것도 괜찮다.
이곳까지 온 김에 일본 유명 추어탕집 도제우에 들렀다. 에도시대 뒷골목 음식문
화의 상징이기도 한 미꾸라지탕으로 유명한 도제우. 화려하고 널따란 대문을 지
나 안으로 들어서니 이미 삼삼오오 모여 앉은 손님들이 식사에 한창이다. 이곳은
테이블도 없이 다다미 바닥에 앉아 음식을 먹어야 하는데 그 옛날 에도시대 정취
가득한 풍경이 아닐 수 없다. 한편으론 이 무슨 궁상인가 싶어 조금 쑥스럽기도
했는데 막상 요리를 먹어보니 이만큼 호사스런 맛이 또 있으랴 싶었다. 보이는 모
습보단 뱃속에 들어가는 내용물이 더 중요한 법이다. 먹어보니 돈이 아깝지 않을
만한 식사임엔 틀림없었다.

02 난 극장인줄 알았어요. 일본식
통미꾸라지 추어탕집 도제우

Dozeu

한국엔 추어탕 일본엔 도제우
에도시대의 뒷골목 음식문화의 상징
일본 미꾸라지탕

03 맛있는 음식은 혼자 먹어도
좋다. 어차피 둘이 먹다 하나
죽어도 모르는 맛이니까!

04 삼삼오오 옹기종기 앉아서
테이블도 없이 에도시대 정취
가득한 요리를 먹는 손님들의
모습이 정겹다.

らめん亭 라멘테이

아내와 아사쿠사 산보를 신나게 하다 보니 경비를 너무 많이 써서 눈치도 보이고 출출한데도 말도 못하던 차에 눈앞에 보이는 라면집.

간판의 가격 290엔!!
맛없어도 좋다. 국물만이라도 후루룩 둘러 마시고 싶다. 뭔가 '트릭'이 숨겨진 게 아닐까 걱정했지만 가게 음식 중엔 아예 500엔을 넘는 메뉴가 없었다. 그런데 음식 맛이 정말 놀라웠다. 복권에 당첨된 기분이 이와 비슷할까?

01 간판의 가격 290엔!!

01

02

03

02 500엔 넘는 메뉴가 없다.
03 가격이 저렴해서 아내가 좋아했다.

04 이집 정말 대박 중에 대박이다. 이 비싼 아사쿠사에서 이 가격에 이렇게 맛있다니 진짜 기분 좋다. 다시 꼭 오리라. 아사쿠사에 오면 꼭 들러야겠다. 290엔 라면 고맙다.

다시 찾은 이 라면집의 국물과 면은
나를 너무도 행복하게 해주었다.

OPEN 10:30
CLOSE 20:30
주말 09:00~20:00   연중휴무

🏠 台東区 浅草 1-39-9
   타이토구 아사쿠사1-39-9
☎ 03 3845 0514
🪑 10석
🚇 도쿄메트로 긴자선
   아사쿠사역에서 도보3분

05 가격은 290엔이나 맛은 1000엔!
06 미소 라면도 날 실망시키지 않았다.
07 역시 싹악 비웠다.

세 번째 찾은 라면집. 가격이 290엔에서 30엔
이 올라 320엔이다. 아쉽지만 그래도 싸다.

갓빠바시 거리
合羽橋

아사쿠사 관광 후 약 15분 정도 갓빠바시 도로를 따라가면 일본 최대 요리용품 전문가게들이 있는 갓빠바시 요리용품 전문 거리가 있다. 요리에 관심이 있거나 나만의 주방용품을 갖고자 하는 마니아에겐 꼭 추천하고 싶은 곳이기도 하다.

01 갓빠바시 심볼에는
가게 이름이 새겨져 있다.

02 젓가락 받침대가 260엔
03 냄비박물관이라는 가게.
로봇 태권브이에 나오는 주전자와 비슷하다.

Kappabashi

04 05

04 다양한 일본 도자기가 즐비한 갓빠바시 매장

05 예쁜 캐릭터들
너무 예뻐서 세트로 샀다.

아사쿠사 텐동   **Asakusa Tendou**   浅草天藤

1907년부터 이어져 내려온 오래된 튀김덮밥집 아사쿠사 텐동. 일본에선 너무도 유명한 집이라서 언제나 만원사례다. 자리가 없을까봐 노심초사하며 가게 문을 열었는데 운이 좋았는지 내가 첫 손님이었다.

01 밥과 튀김의 조화가 느끼할 수 있다고 생각되지만 담백한 튀김과 감칠맛 나는 간장소스의 앙상블로 '밥도둑'이 따로 없었다.

02 하늘사발 뚜껑을 들어 올리는 순간 하늘의 이슬이 한방울 두방울 새우튀김 위에 떨어지는 듯했다. 하늘의 이슬이 가미된 새우튀김의 앙상블~ 아 아름답기만 하다.

03 주인장 텐도우상. 위에 놓여 있는 것은 덴뿌라 튀김을 올려 놓는 그릇이다.

04 아이~ 사진찍기 부끄러워요. 귀엽고 착한 텐도우사장의 표정이 아직도 잊혀지지 않는다. 같이 사진 찍자고 하니까 포즈가 장난이 아니었다.

주인은 내가 바닥까지 싹싹 비우는 모습을 흐뭇하게 바라보며 미소 지었다. 기념 사진도 찍고 이런저런 이야기를 나누어보니 이 집의 명성을 알만했다. 대부분의 단골들은 주로 가부키 극장의 유명인들이 많다고 한다. 이를 증명하듯, 가게 안은 TV나 극장에 나오는 유명 예술인들의 기사와 사인으로 가득했다.

epilogue

'아사쿠사에 가보지도 않고
동경구경을 했다고 말하기는 어렵다'
라는 말이 일본인들의 여행담에 자주 등장한다.

특히 동경의 뒷골목을 얘기 할땐 더욱더 빠지지 않고 나온다.
아사쿠사의 대표적인 카미나리몬의 정확한 이름은 후진라이진
(風神雷神)이라고 불린다.
현재의 카미나리몬으로 재건한 것은 1965년에 일본기업 마쓰시다
가 일본인만을 위한 것이 아닌 해외 관광객을 유치하기 위해 후원
에 나섰기 때문에 가능했다고 한다.

1년 12달 축제가 열리는
마을 아사쿠사로 뚜벅~뚜벅 걸어본다.

02 동경예술대학
Tokyo University Of The Arts

동경국립미술관
東京都美術館
(The National Museum Of
Modern Art,Tokyo)

03 우에노 광장

치요다센
千代田線 (Chiyoda Line)

국립 과학박물관

우에노 동물원
Ueno Zoo

01 동경문화회관
東京文化会館

STATION 우에노역
Ueno

시노바스노이케

아우나기 이즈에이
鰻割烹 伊豆榮 本店
08

STATION 케이세이 우에노역
Kei-sei Ueno

● 수상 음악당

04 아지노토케이다이
味の時計台 らめん

07 안미츠 미하시
あんみつ みはし

ラーメン

05 돈카츠 이센 본점
とんかつ 井泉 本店

STATION

유시마역 Yushima

06

아메요코시장
アメヤ 横丁

히비야센 日比谷線 (Hibiya Line)

긴자센 銀座線 (Ginza Line)

JR 야마노테센

우에노

드넓은 녹색의 향연과 예술이 한 몸이 되어 태어난 동경의
오아시스 우에노!
우에노 동물원, 동경문화회관, 동경국립미술관, 동경예술
대학 등 우에노 공원의 산책은 휴식과 교육이 함께 하는 즐
거운 소풍길 같다.

Ueno

우에노　　　　　　　　上野公園

도심 속에서 드넓은 녹음이 주는 고마움을 굳이 강조할 필요가 있을
까. 각종 스트레스와 피로에 시달리는 현대인들의 발걸음으로 한가
할 틈 없는 우에노 공원은, 공원문화로 유명한 일본에서도 손에 꼽히
는 명소이다. 벚꽃이 흐드러지게 피면 하나미(꽃축제)로 사람들이 들
끓지만, 평소에도 계절이나 시간을 가리지 않고 사람들로 붐비는 곳.
개와 산책하는 남녀노소, 조깅하는 주민들, 외국인 관광객들과 우에
노 동물원에 놀러온 아이들로 북적이며 활기를 띠는 곳. 자연의 멋도
있지만, 동경예술대학교와 미술관을 포함한 주위 예술 공간과의 밀집
도로 인해 언제나 자연스럽게 지적인 분위기를 자아내는 거리.

01 step

동경문화회관

東京文化会館

1년 365일 세계적인 아티스트 공연을 관람할 수 있는 동경문화회관은 대관을 하기 위해선 약 1년 전에 예약을 해야만 사용할 수 있다고 한다. 물론 티켓 예약도 경우에 따라서 6개월 또는 1년 전에 해야 관람할 수 있다고 한다.

01 동경문화회관 전경

02 국립박물관 앞 전경. 일본의 전통 양식을 그대로 표현했다.

03 서양미술관 앞에 놓인 헤라클레스 동상이 힘차게 느껴졌다.

04 과학관의 고래 동상은 실물 크기가 연상될 만큼 압도적인 모습이었다.

02 step

동경예술대학　東京藝術大学

일본 예술계, 미술계를 짊어질 차세대 유망주들을 배출하는 동경예대 캠퍼스. 학교 명성에 비해 학교 간판에 낡았다고 여겼는데 막상 들어가 보니 역시나 속은 꽉 차 있는 예술학교였다. 무엇보다 학교 안 곳곳엔 각종 조각품과 그림이 전시되어 있었는데 언젠가 세계적인 아티스트가 될 젊은이들의 작품을 무료로 볼 수 있다는 점이 참 좋았다. 마치 미술관을 관람하는 듯한 기분이 들어 여유있게 산책을 즐길 수 있는 장소로도 손색이 없었다

01

02 **03**

01 명성에 비해 낡은 간판이 왠지 역사와 전통을 말해주는 듯했다.

03 기모노를 입은 전통 게이샤 동상

02 일본 예술계, 미술계를 짊어질 차세대 유망주들을 배출하는 동경예대 캠퍼스는 작지만 실속 있는 구조로 되어 있었다.

上野公園 広場

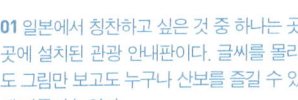

01 일본에서 칭찬하고 싶은 것 중 하나는 곳곳에 설치된 관광 안내판이다. 글씨를 몰라도 그림만 보고도 누구나 산보를 즐길 수 있게 만들어 놓았다.

02 문화회관 앞에 있는 노천카페에선 유럽의 정취를 흠뻑 느낄 수 있어서 좋다.

03 step

우에노 공원 광장

내가 우에노 공원을 찾은 때는 8월 중순, 40도가 넘는 무더위에 지칠 대로 지쳐 있었지만 공원 한복판의 광장 분수대에서 시원하게 솟아오르는 물줄기를 보고 있자니 더위가 절로 가시는 듯했다. 탁 트인 공간과 우거진 초목, 그리고 더위에도 여유 있게 나들이를 즐기는 사람들의 모습. 나의 지친 발걸음도 잠시 휴식을 취하기로 했다.

03 무너위를 시원하게 식혀주는 분수대 광장 앞

04 우에노의 상징인 동물원과 팬더빵

味の時計台 ラーメン
아지노토케이다이 라멘

난 쇼유(간장) 라면을 좋아한다.
아무리 맛이 없는 라면집이라도
쇼유라면 국물 맛은 깔끔하고 담
백하다.
쇼유라면이 보였다. 음~시원한 국
물이 여행의 피로를 말끔히 씻어
줄것 같았다. 우에노 역 앞 시장골
목에서 첫 번째로 보이는 가게에
무작정 들어갔다. 알고 보니 삿뽀
로의 그 유명한 맛의 시계탑이라
는 라면집의 분점이라고 한다.

OPEN 11:00
CLOSE 03:00
연중휴무

🏠 台東区 上野 6-13-7
　　타이토구 우에노 6-13-7

☎ 03 5812 2208

🛏 18석

🚌 우에노역 정면 출구
　　오카치마치 중앙도로 입구방향
　　도보3분

01 우에노역 현관 출구에서 나오면 오카치
마치 중앙도로(中央踊り)에서 첫 번째 보이
는 라면집이다.

02 예상하지 않았던 교자를 반찬
삼아 주문했다.

03 여기는 스미마셍
04 자판기에서 나온 쇼유라면과 교자를 시킬 수 있는 티켓 두 장

05 색깔 따라 라면의 다양한 맛을 즐길 수 있는 라면 자판기
06 쇼유라면 강추~!!
07 예상 밖의 맛에 감탄. 가격도 맛도 아주 만족스러웠다. 왠지 오늘은 뭔가 기내가 되는 날이다. 날도 어두운데 말이다.

돈카츠 이센 본점　Tonkatsu Isen　とんかつ 井泉 本店

쇼와 5년에 창업한 우에노의 대표적인 돈까스 전문점 이센.
75년 역사를 자랑하는 이곳은 예부터 게이샤들에게 많은 사랑을 받아 더욱 유명해진 곳이다. 내가 이센을 찾은 날은 비가 보슬보슬 내리고 있었는데 기린맥주에 돈까스를 시켜 먹으니 행복이 별건가 하는 생각이 들만큼 기분이 좋았다. 맛도 맛이지만 마음씨 좋아 보이는 주방장의 서비스가 특별했다. "우에노에서 굉장히 유명하다고 해서 일부러 찾아왔다"며 말을 걸었더니 많이 부끄러워하면서도 주문한 요리들을 신속하고 품위 있게 만들어주었다.

01 낡은 가게의 전경이 너무도 아름다웠다.

02 돈까스 정식이 너무도 정갈하게 셋팅되었다. 역시 비오는날엔 기린맥주에 돈까스가 궁합이 잘 맞는다.

03 아~ 돈까스가 이렇게 맛있을 수가 있구나아~
혼또니 오이시이데스요 (아~ 정말로 맛있어요)

04 주방장 세이센씨가 자신감을 갖고 히레까스와 로스까스 정식을 만들어 주었다. 자~ 도죠 (자~ 드시죠) 이센이라는 가게 이름도 손님들이 자주 세이센을 줄여서 부른 말이 어느샌가 가게의 이름인 이센이 되었다고 한다.

05 주방장 세이센씨가 방금 튀긴 돈까스를 조그만 도마 위에서 썰고 있다.

06 이분은 튀기는 것만 전문적으로 하고 있었다.

07 과거 게이샤들이 이곳에서 연주도 했다고 한다.

01 아메요코시장은 도쿄인의 마음을 파는 도심 속의 장터와 같은 곳인 듯하다.

어렸을 때 나는 5형제 중 막내였다. 어머니는 왜 그리도 시장 심부름을 많이 시키던지‥ 막내야 무 한개 사와라 그리고 부추도, 알았니? 싸게 사와야된다‥ 어휴 심부름하러 가던 나는 야채가게 앞에서 겁먹은 얼굴로 '아저씨 있잖아요 좀 깍아주세요. 안깍아주시면 저 엄마한테 혼나요' 라고 하면서 물건을 사오면 어머니가 '우리 막내는 시장도 잘 봐'라고 해주면 난 왠지 기분이 으쓱으쓱했었다. 그랬던 어린 시절의 회상이 떠오르는 추억의 시장 골목으로 막 돌아온 듯한 느낌이었다.

06 step

아메야요코 시장　　**Ameya Yokocho** アメヤ横丁

02 그 시절 난 장난감 가게만 보면 절대로 움직이질 않아 엄마한테 많이도 혼났다.

03 어렸을적 새신발을 베갯머리 위에 올려놓고 방에서만 신었던 기억이 난다. 지금은 너무도 흔한 신발인데 그땐 왜그리 소중하게도 생각했는지‥

04 비싼 과일을 한 조각씩 사서 먹을 수 있다는 것 만으로도 행복했다.

05 아르바이트를 하고 있는 한국 유학생이 돈까스집을 가르쳐줬다.
아~저기 쭈욱 가시면 되요.

이상하게도 시장이라는 분위기는 맑은 날 보다는 약간 어둡고 비가 주룩주룩 내리는 것이 더 낭만적이다. 아~ 빗속을 거닐며 옛 거리의 추억을 회상해본다.

07 여름 더위가 기승을 부려 시원한 맥주 한잔 마셔야겠다.

06 일본사람들은 만주라는 단팥빵을 굉장히 좋아한다.

스미마셍(실례합니다).
하이~ 이랏샤이(네 어서오세요)

안미츠 미하시　　**Anmitu Mihasi**　　　あんみつ みはし

쇼와 23년에 만들어진 일본전통
팥빙수 가게다. 홋카이도산 팥으
로 가게에서 직접 만든 팥고물은
그 단백함과 부드러운 맛이 아주
일품이었다. 차와 함께한 안미츠
(あんみつ)라고 하는 일본식 팥아
이스크림은 정말이지 피로에 지
친 여행자의 외로움을 달래주는
데 딱!이었다.

01 가게 앞 전경
테이크아웃도 가능하다.

02 녹차빙수도 달지 않아 시원하고 맛있었다.

03 아~ 하스카시이(아 창피해요), 도라나이떼 구다사이(찍지 말아주세요)
근데 왜 웃니? 좋으면서··

鰻割烹 伊豆榮 本店 　 Unagi Izuei 　 우나기 캇뽀우 이즈에이 본점

600년대에 창업한 아주 오랜 역사가 있는 장어덮밥집이다. 토구가와 집안의 8대 장군 요시무네가 즐겨 찾던 곳이라는 전설의 장어덮밥집. 일본의 대표 문인인 모리 오가이, 다니자카 준이치 외에도 많은 예술가들에게 사랑받는 곳이다.

01 장어는 숯불로 구워지고 단맛이 가미된 소스를 발라 다섯 번 이상 구워 그 맛이 환상적이다.
02 마치 일본 전통료칸(여관)에 들어온 것 같은 분위기였다.
03 가게 간판 04 건물 전체가 장어구이집이다.

epilogue

장어집을 나와 역 앞을 지나는데 빠찡코가 보였다.
일본 사람들은 빠찡코를 진짜 좋아한다.
일본에 오면 가끔 한번쯤은 빠찡코를 해보기도 한다.
오늘은 기분이 좋은 날이라 왠지 기대가 되는 걸‥
마침 개업 1주년 기념이라니 좋았어

단돈 1000엔이 다 들어가기도 전에 터졌다.
오~ 오~ 이런 일이
계속해서 터졌다.

와아~ 이럴수가
내 생애 두 번째로 많이 터지는 날이었다.
12박스 다 환전했다.

열한 장의 만엔 지폐와 잔돈들을 거머쥐며
신이시여~ 신이시여~
우에노, 우에노

03 **Rainbow Bridge**
레인보우 브릿지

오다이바카이힌코엔
お台場海浜公園

국기관 國技館
(아쿠아시티 4F)

Aqua City
아쿠아시티

ラーメン

도쿄 텔레포트역
Tokyo Teleport

02 **01**

Fuji TV 후지 TV

다이바역
Daiba

아오우미역
Ao-Umi

유리카모메센
ゆりかもめ 線
(Yurikamome Line)

텔레콤 센터역
Telecom Center

04

오오에도온천 이야기
Ooedoonsen Monogatari

7

오다이바

お台場

석양이 비치는 햇살 아래 오다이바 선착장에 도착하니
이국적인 향취가 물씬 풍기는 것을 느낄 수 있었다.
여행은 수상버스 히미코에서 시작되었다.

Odaiba

01

오다이바

오다이바 선착장에서 볼 수 있는 진풍경 하나
은하철도 999 만화 원작가 마츠모토 레이지가 디자인한 수상버스 히미코
를 볼 수 있다는 것.

미래적인 디자인의 히미코는 오다이바와 아사쿠사를 연결하는 대표적인
수상교통 수단으로, 내부에선 은하철도 999의 주인공 철이와 메텔의 캐릭
터를 볼 수 있고 안내방송도 성우의 목소리로 진행돼 여러모로 탑승객들
을 만화의 세계로 인도해주는 수상버스라고 할 수 있다.
도저히 물 위를 떠다닐 수 있는 '물건'으로 안보이는 모습을 하고 있지만
아사쿠사 선착장에서 오다이바까지 가는 대부분의 관광객들은 모두 이
히미코를 타고 다닌다. 수상버스라는 로맨틱한 '타이틀'만해도 그렇지만
엔틱하고 클래식한 인테리어가 우리를 꿈의 세계로 인도한다. 여행자들
은 히미코를 타고 이동하는 약 50분의 시간 동안 마치 아사쿠사의 과거
와 오다이바의 미래를 연결하는 '꿈의 열차'에 탑승한 것 같은 기분을 느
낄 수 있을 것이다.

02 배안의 전경
만화 은하철도 999의 주인공들
03 클래식하고 엔틱한 디자인의 내부

04 여름 햇살 아래 서있는 연인

05 선착장 앞 오다이바 해변은 인공
으로 만든 모래사장이다.

06 오다이바가 저만치 보인다.

らめん国枝舘 라면 코쿠키칸 (국기관)

오다이바 아쿠아시티 4층에 가면 맛있기로 소문난 라면가게의 라면을 한꺼번에 맛볼 수 있는 곳이 있다. 라면 국기관(코쿠키칸)으로 불리는 이곳은 전국에서 가장 맛있다는 라면집 6곳을 모아 놓은 라면천국이다. 3년 한정으로 2009년 말까지만 영업한다는 이곳의 라면을 맛보기 위해 입구는 늘 사람들로 붐비고 있다. 전 점포의 라면을 미니 사이즈로 제작, 저렴한 가격에 모두 맛볼 수 있게 해놓은 시스템은 역시 감탄할 만하다. 나는 그 중 멘야 이로하라는 라면 가게에 들어가 보았다.

01 입구는 늘 만원사례로 붐비고 있다.

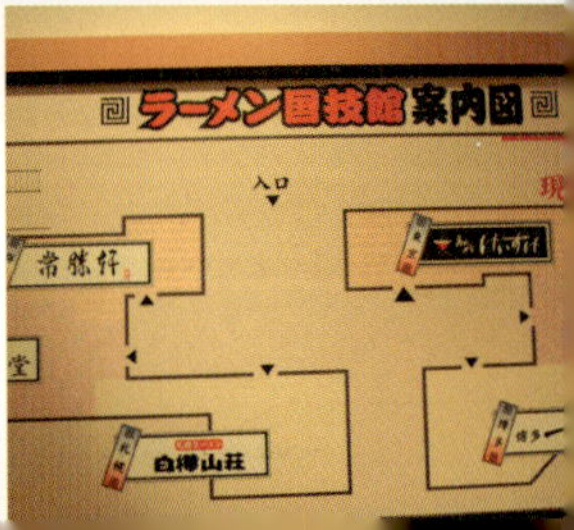

02 전 점포의 미니라면을 저렴한 가격에 즐길 수 있다.

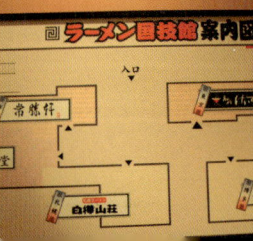

OPEN 11:00
CLOSE 23:00 연중휴무

麺家いろは 멘야 이로하

🏠 港区 台場 1-7-1 アクアシティ
미나토구 다이바 1-7-1 아쿠아시티

☎ 03 3529 2155

🛏 26석

🚌 유리카모메전철 다이바역에서 도보1분

03
04

03 최근 일본엔 흑라면이 대세인 것 같다. 6곳 모두 저마다 흑라면을 뽐내고 있었는데 우리 한국인 입맛에 잘 맞다.

04 그들은 흑라면 또는 흑쇼유라면이라고 부르지만 난 짜장라면이라고 부르고 싶다. 이로하(いろは)매장 역시 후지야마 지역에서 개발한 쇼유와 돈코츠, 백새우를 섞어서 만든 육수 W스프로 유명한 곳이다.

Aqua City

아쿠아시티

해변가를 천천히 걸으며 쇼핑몰 아쿠아시티로 향했다. 아쿠아시티는 귀엽고 앙증
맞고 매력적인, 무엇보다 '일본적'이라고 할 수 있는 아이디어가 돋보이는 갖가지 상
품들이 즐비하게 늘어선 상가들이 모여 있는 곳이다. 수제품 캔디를 파는 가게, 캔
디 뮤지엄부터 인형 가게와 각종 먹거리 판매대까지 가히 쇼핑객들의 욕구를 모두
충족시켜주는 쇼핑천국. 이곳의 가게를 구경하다보면 쇼핑으로 신이 난 관광객들
을 어렵지 않게 볼 수 있다.

쇼핑은 항상 신이 난다.

아내에게 선물하려고 산 일본 나막
신. 가볍고 좋았다 가격은 3000엔

캔디뮤지엄

대패로 갈아서 만든것처
럼 매우 얇은 아이스크림
이 새로웠다.

01 레인보우 브릿지

아내에게 선물할 일본 나막신을 사고 밖으로 나오니 레인보우 브릿지에는 이미 어둠이 깔려 있었고 야경으로 더욱 멋진 오다이바의 해변가가 눈에 들어오기 시작했다. 자유의여신상을 바라보며 길가에서 아마추어 밴드가 연주하는 재즈를 듣고 있으려니 여기가 일본인지 미국인지 헷갈릴 지경이었다. 오다이바의 야경과 더불어 음악이 어찌나 마음을 뒤흔드는지 그 때 구입했던 그 앨범을 듣고 있으면 지금도 오다이바의 풍경이 눈앞에 선명하게 떠오른다.

01 일본인들은 미국의 문화를 무리 없이 잘 소화해낸다. 자기문화도 아닌 것을 당당하게 오다이바의 대표 명소로 자리 잡게 만들었다. 야경을 보기 위해 꼭 들러 사진을 찍는다는 레인보우 브릿지와 자유의여신상은 제법 어울린다.

02 아마추어 재즈밴드의 CD를 샀다. 집에 와 들어보니 꽤 수준있는 연주였다. 지금도 나의 자동차엔 그들의 음악이 흐르고 있다.

오오에도 온천 이야기
大江戸温泉 物語

Ooedoonsen
Monogatari

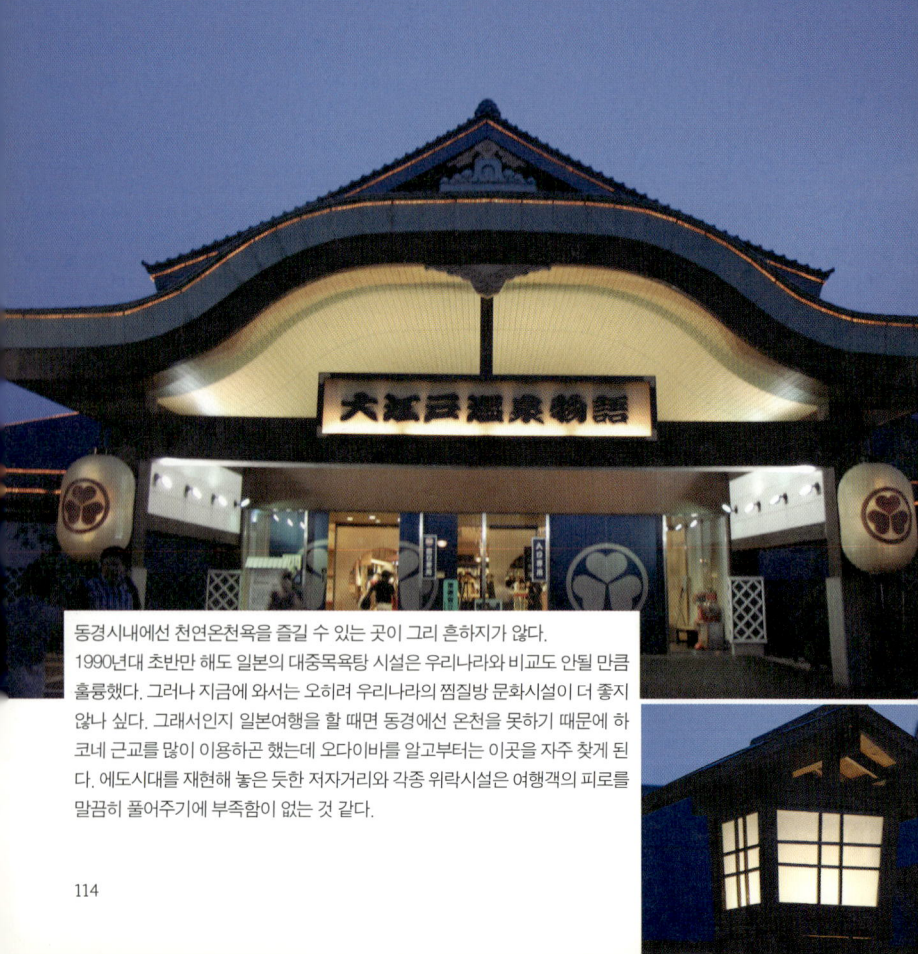

동경시내에선 천연온천욕을 즐길 수 있는 곳이 그리 흔하지가 않다. 1990년대 초반만 해도 일본의 대중목욕탕 시설은 우리나라와 비교도 안될 만큼 훌륭했다. 그러나 지금에 와서는 오히려 우리나라의 찜질방 문화시설이 더 좋지 않나 싶다. 그래서인지 일본여행을 할 때면 동경에선 온천을 못하기 때문에 하코네 근교를 많이 이용하곤 했는데 오다이바를 알고부터는 이곳을 자주 찾게 된다. 에도시대를 재현해 놓은 듯한 저자거리와 각종 위락시설은 여행객의 피로를 말끔히 풀어주기에 부족함이 없는 것 같다.

01 실내에 들어서면 음식점과 각종 편의시설들이 있고 정해진 시간에는 다양한 공연과 이벤트들이 준비되어 있다.

02 개인전용 락카가 있어 숙박도 가능하다.

03 라면은 두 그릇을 시켰다. 역시 이런 장소에서 파는 라면은 그다지 추천하고 싶지가 않다.

04 결국엔 남겼다.

epilogue

일본의 두바이라고도 불리는 오다이바!
저마다의 개성이 넘치는 그리고 다양한 편의시설들과
위락시설들이 잘 갖추어진 인공섬.

오다이바에 있는 모든 것들은
無에서 有를 창조해 낸 '작품'들이다.
인공해변, 모방된 자유의여신상, 인공온천.
필요의 의해서 만들어진 진짜 같은 가짜들이
너무도 화려하게 또한 계획적으로 잘 정비되어 있었다.
그런 가짜들의 감동은 왠지 깊은 맛이 덜하는 것 같다.

오오에도 온천에서 먹은 라면 맛처럼
화려하긴 해도, 먹음직스럽긴 해도
막상 입 안에서 넘어가지 못하는 것처럼 말이다.
일본의 젊은 친구들은 너 나 할 것 없이 오다이바에 데이트
를 즐기러 꼭 온다고 한다.

그러나 나이를 먹어서인지
지금 나는 아사쿠사로 향하는 마지막 배를 기다리고 있다.
뒷골목 냄새가 물씬 묻어나는 아사쿠사의 선술집에서 사케
한 잔에 꼬치구이 먹으러‥

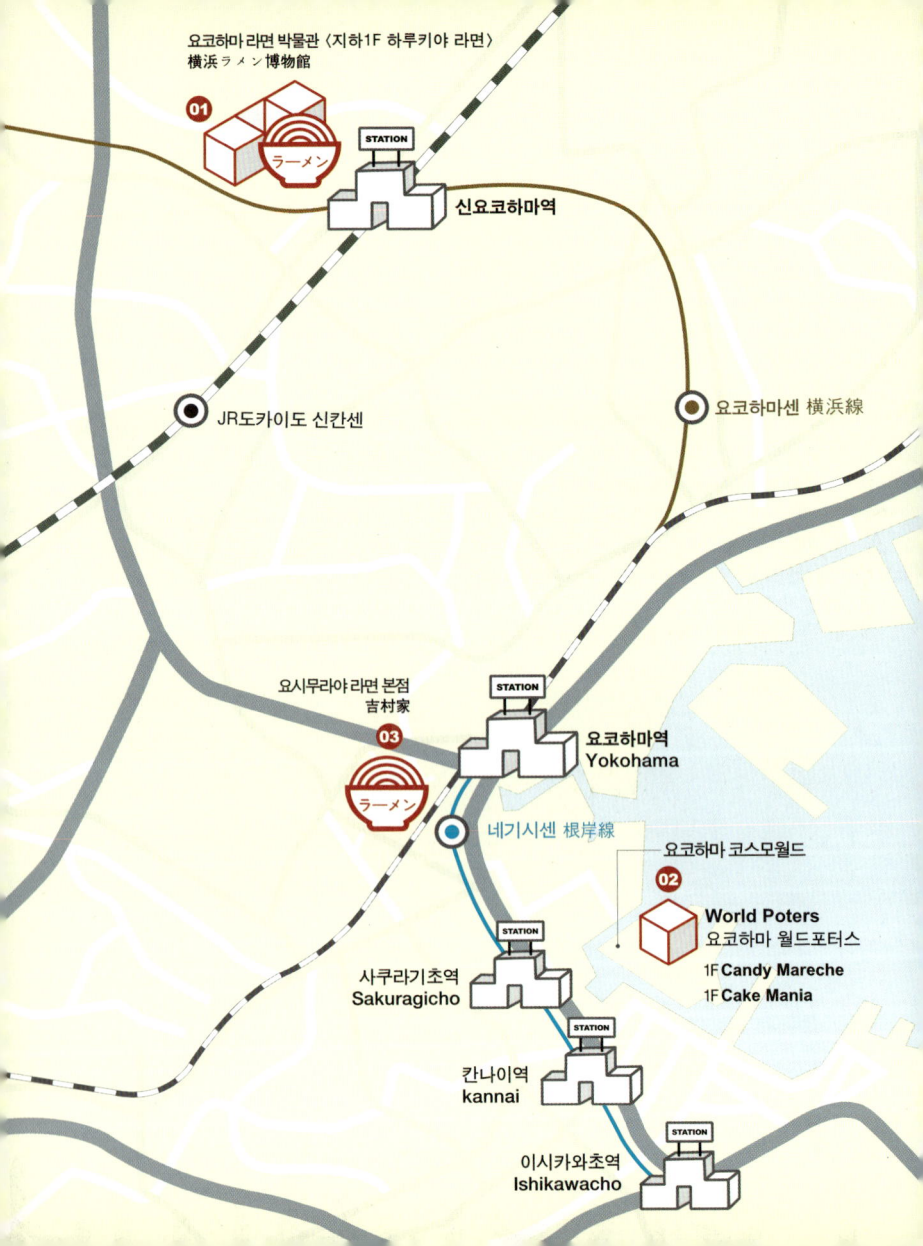

요코하마 라면 박물관 〈지하1F 하루키야 라면〉
横浜ラーメン博物館

01

ラーメン

STATION

신요코하마역

JR도카이도 신칸센

요코하마센 横浜線

요시무라야 라면 본점
吉村家

03

ラーメン

STATION

요코하마역
Yokohama

네기시센 根岸線

요코하마 코스모월드

02

World Poters
요코하마 월드포터스

1F **Candy Mareche**
1F **Cake Mania**

STATION

사쿠라기초역
Sakuragicho

STATION

칸나이역
kannai

STATION

이시카와초역
Ishikawacho

요코하마

横浜

요코하마 산책을 굳이 말로 설명하자면, 걷고 있으면 기분이 점점 좋아지는 코스라고 말할 수 있다. 항구도시답게 이국적인 느낌이 물씬 풍기는 요코하마는 거리 곳곳에서 자유와 여유가 느껴진다. 걷다보면 일본이라는 아시아 국가에 있다는 느낌보다 어디 먼 나라에 온 것 같은 착각이 들기도 한다. 파란 하늘, 깨끗한 바다, 시원한 바람, 그리고 어딘가 여유로운 사람들의 모습은 요코하마를 일본에서 가장 매력 있는 도시로 만들어주는 중요한 요소들이다. 천천히 이곳저곳을 둘러보다 해가 지고 어둑어둑해지기 시작하면 또 하나의 요코하마가 탄생하는 것을 목격할 수 있다. 거리에 가로등이 켜지기 시작하면 낮의 활기찼던 요코하마는 더 없이 운치있고 로맨틱한 장소로 거듭나는 것이다. 일부러 요코하마의 야경을 보러오는 사람들도 많다고 하니 산책의 마지막을 마무리하는 화려한 산책코스로 이보다 좋은 곳이 없다는 생각이 들었다.

Yokohama

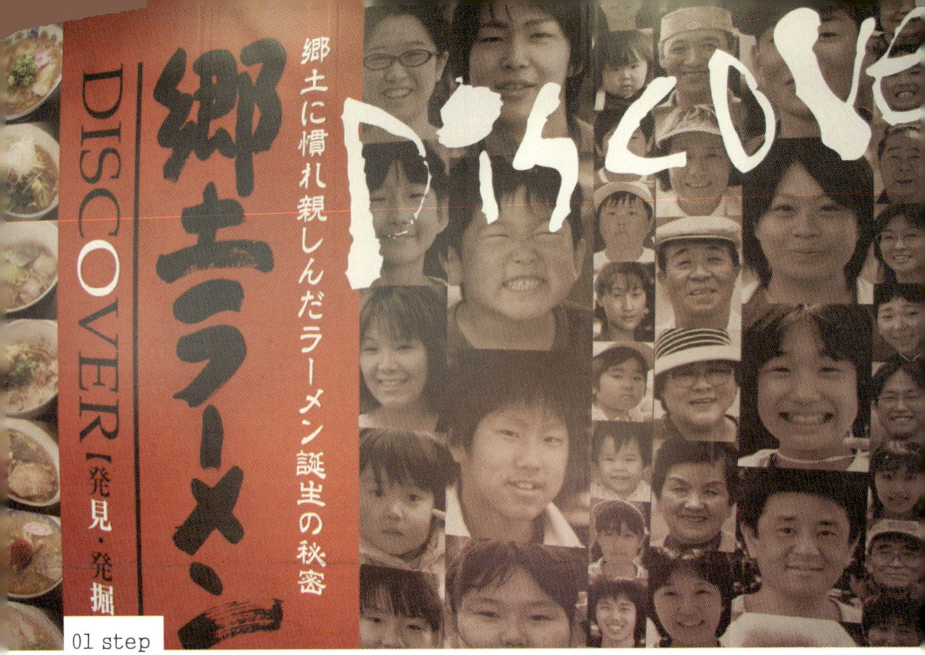

郷土ラーメン

DISCOVER【発見・発掘】

郷土に慣れ親しんだラーメン誕生の秘密

DISCOVE

요코하마 라면박물관

라면의 모든 역사와 문화 그리고 전국의 맛집이 한 곳에 모여 있는 라면박물관.
우리나라 인천항과도 같은 요코하마에 중국인의 면문화가 퍼지기 시작했고,
여기서 라면 만드는 기술을 배운 일본인들이 독립하여 각 지역에서 독창적
인 라면문화를 만들었답니다.

이렇게 발달된 면문화가 일본엔 라멘, 우리나라엔 짜장.
일본엔 라면박물관이 있는데 우리나라엔 왜? 짜장박물관이 없을까요.
제가 인천시장님께 건의 좀 해야겠네요 시장님!
짜장박물관 만드시면 대박예감이예요!

전국을 대표하는 유명라면 전문점의 메뉴를 인스턴트화 해서 보기 쉽게, 먹기 좋게 만들어 놓았다. 집에서도 손쉽게 전국의 유명 맛집의 라면 맛을 체험 할 수 있다고, 개발한 아이디어 상품들이 수십 종에 이른다. 그러나 맛은? 역시 매장에 직접 가서 드시는 것이 제 맛!

01 옛날 전후시대의 먹거리 모습을 그대로 재현해 놓았다. 어렸을 때 시장터 모습을 보는 듯했다.

03 어렸을 때 시골 구멍가게가 떠오른다.

02 전국의 라면을 한 곳에 모아 놓은 라면 거리들이다.

橫浜ラメン博物館

04 대중목욕탕 안에 들어갔더니 탕은 없고 계단만 있었다. 그리고 벽면에는 라면지도뿐. 나참 ~ 괜한 기대만 했네.

122

Yokohama
Ramen Museum

05 06

07

05 어렸을 적 골목 귀퉁이 선술집에 앉아 계신 아버지의 모습이 보일 듯한 라면이 있는 정겨운 선술집이다. 아~ 뜨끈한 라면 국물에 사케 한 잔이 생각난다.

06 골목길에 늘어선 옛 가게의 모습들이 왠지 훈훈한 맘을 들게 한다.

07 이곳에선 혼자서 라면을 즐기고 있는 모습을 쉽게 볼 수 있다.

春木屋　하루키야 라면

라면 박물관 곳곳에 위치한 각각
의 라면가게에는 옹기종기 모여
앉아 라면을 먹는 손님들로 조금
붐비고 있었다. 나 역시 하루키야
라는 라면집에 들어가 자리를 잡
고 앉았다.

01 60년 전통의 하루끼소바

02 요코하마에서도 단연 인기있는 동경 중화
소바 하루끼야는 일년 내내 문전성시

04 중화소바와 삶은계란 티켓

1949년에 창업한 도쿄라면의 원조 하루키야 소바. 소바란 일본의 국수를 뜻하기도 하지만 대부분의 소바는 라면과 별다른 차이가 없다고 봐도 무방하다. 이곳 라면은 멸치로 육수를 우려내어 한국인 입맛에 잘 맞는다. 자신 있게 추천할 정도로 깔끔하고 시원한 국물 맛이 일품이다. 후루룩 국물을 들이키면 '오랜만에 맛있다~' 는 말이 절로 나온다.

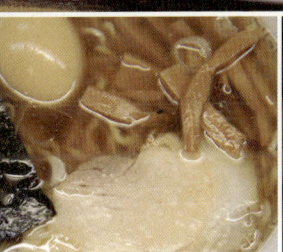

03 단 1분 만에 싸악~
국물 한 방울도 남기지 않았다.

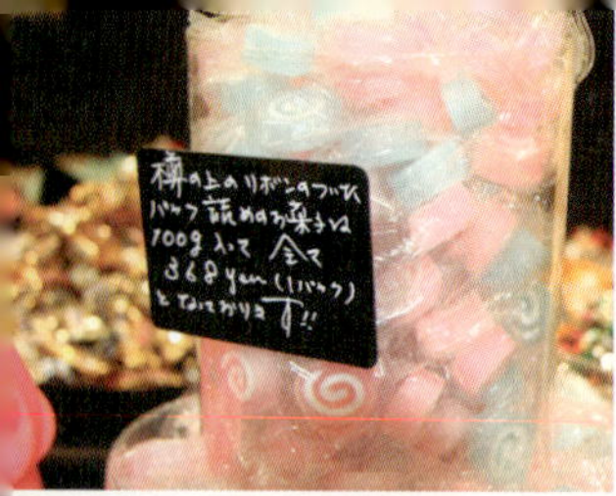

02 step

World Porters : Candy Mareche

요코하마의 유명 쇼핑몰 월드포터스는 그 안의 다양한 가게들도 그렇지만 건물 자체
로도 충분히 매력적인 명소다. 화려하고 이국적인 건물 안으로 들어가면 일일이 열
거하기도 어려울 만큼 많은 종류의 상품을 파는 가게들이 포진해 있는데 여성들이라
면 특히 지갑을 조심해야 한다. 나 역시 이것저것 구경하느라 눈이 휘둥그래져서 걷
고 있는데 사탕전문점 캔디 마르쉐가 눈에 띄었다.

: Cake Mania

케이크 마니아들이라면 절대 그냥 지나칠 수 없을 케이크 전문점 케이크 마니아. 결코 싸지 않은 가격에도 먹고싶어 하는 손님들이 품절될 새라 전전긍긍하고 있었다. 맛을 보니 과연 그 인기 비결을 알 수 있었는데 꽤 큰 덩어리를 다 먹을 때까지 절대 느끼하거나 질리지 않았다.

01 바나나 타르트케익
전국적으로도 유명세를 얻고 있다.

02 먹기가 아까울 정도로 다양한 케익들이 있어 눈이 즐겁다.

吉村家 요시무라야 라면 본점

밤길을 뚜벅뚜벅 걷다가 라면집이 보였다. 이 집이 맛있는 라면가게냐고 기다리는 손님에게 물어봤더니 전국에서 일부러 찾아 오는 손님이 많을 정도로 유명하단다.

요코하마 최고의 라면집 요시무라야!
본래 이곳은 1974년 요코하마 신소기타에 오픈해 그곳에서 성공을 기점으로 2000년 가을에 지금의 장소로 이전한 곳이다. 전국의 체인점 수만도 수 백개가 넘으며 요시무라야 이름의 라면전문점을 개설하기 위해선 본점에서 3개월간의 라면전수를 받아 수료증이 있어야만 요시무라야의 가족이 될 수가 있다고 한다.

01

01 이 더운 날 라면이 뭐길래 저리 오래 기다리누··

02

02 젊은 친구에게 맛있어요? 물었다. 응 오이시~맛있어요!

03

03 정신없네, 정신없어 목소리 진짜 크다 "이랏샤이" 어서오세요!

OPEN 11:00
CLOSE 24:00

휴일 월요일

🏠 神奈川 県横浜市 西区 南幸 2-12-6
　요코하마시 니시구 미나미사이와이 2-12-6
☎ 045 32 -9988
🪑 25석/다다미방 4인석
🚌 JR 요코하마역 서쪽출구에서 도보5분

메인 메뉴는 돈코츠와 쇼유가 유명한데 쫄깃쫄깃한 면의 식감과 스프의 농후하고 진한 국물이 약간은 남성적인 매력을 느낄 수 있는 맛이다. 요코하마 사람이라면 한번쯤은 꼭 가봤다는 요코하마 라면의 자존심! 요코하마 라면의 참맛을 맛 볼 수 있는 가장 이상적인 요시무라야의 긴 행렬은 오늘도 이어지고 있다.

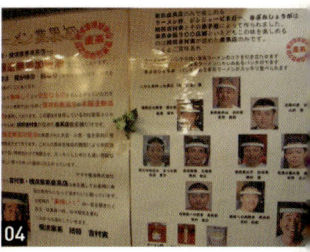

04 대를 이어온 라면의 달인들

05 요시무라야
인스턴트 라면도 있다.

epilogue

어렸을 때 미군과 결혼한 동네 누나가 빽판(복제한 LP 레코드판)을
오디오에 올려놓으면 스피커에서 흘러나오는 일본 노래가 있었다.

'마치노(거리의)~ 아까리와(불빛은)~'

나는 제목도 뜻도 모르는 그 노래를 흥얼흥얼 따라하면서 막연히 '아
이 노래 참 좋다'고 생각하곤 했었는데 이제와 알아보니 그 노래는 '
내사랑 요코하마'라는 곡이었다.
지금 여기 파란 네온이 물든 요코하마의 밤길을 거닐며 다시금 그
때 그 노래를 흥얼거리고 있으려니 어린 시절 추억이 떠올라 왠지
감격스러웠다.

노래 속 아름다운 요코하마의 야경을 직접 보게 되다니…
마음 한 구석이 저려왔다.

東京 ラーメン
BEST
25

동경 최고의 라면집 25

처음 간단히 동경의 옛 골목들을 누비며 그곳의 먹을거리와 볼거리를 가볍게 소개
하고자 기획했던 동경산보가 라면이라는 테마를 등에 업고 나서부터는 기왕이면
우리 입맛에도 맞고 장사도 잘 되는 라면집을 집중적으로 탐험해보자라는 욕심이
생기게 되었다. 취재를 기획 했을 땐 한두 달이면 끝나겠지 하던 기간이 2년이라는
시간을 훌쩍 넘겨 버릴 정도로 수많은 라면집을 찾아다니게 되었다. 처음에 취재하
고 만났던 라면집 중에는 최근 국제유가 폭등과 세계 경제불황에 맞물려 5곳이나
폐업을 해버린 안타까운 현실을 맞닥트린 곳도 있었다.

일본인들에겐 라면은 무엇인가? 라고 질문을 해본 적이 있다. 그들의 대답은 거의 제각각의 철학적 의미를 담고 있기 보단 딱히 뭐라 말할 수는 없지만, 생활의 일부분과도 마찬가지인 없어서는 안 될 마치 우리네 짜장면과도 같은 옛정이 넘치는 서민의 대표적인 음식인 듯싶었다.

최근 일본인의 입맛은 많이 변해가고 있었다. 과거에는 싱겁고 단맛이 많이 가미된 것이 많았다면 요즘은 전체적인 음식의 염도(짠맛)가 높아져만 가고 있음을 라면의 스프에서도 느낄 수가 있었다. 어느 경제학자가 그 나라 대표음식의 염도(짠맛)가 높으면 그 때의 경제상황이 그다지 좋지 않은 상태라고 했던 글을 읽은 적이 있다. 꼭 그 경제학자 말이 맞는 것은 아니겠지만 최근 일본의 경제도 매우 좋지는 않은 것을 여행을 통해서 느낄 수가 있었다.

어느 라면집 주방장의 말이 생각이 난다. 내가 기뻐야 남에게 친절할 수가 있다. 그리고 내가 행복해야 손님을 행복하게 해줄 수가 있다고 했다. 그 순간 그에게 당신은 지금 행복한가? 라고 질문을 했다. 그의 대답은 이랬다. 나는 라면만 보면 행복하다. 그래서 오늘도 라면을 만든다. 즉 나에겐 라면이 행복이다. 나는 이 행복을 손님에게 만들어준다. 그 행복의 국물을 한 방울도 남김없이 드셨을 땐 나는 감사의 눈물을 흘리고 손님은 감동의 눈물을 흘릴 것이다 라고··

오늘도 나는 행복을 찾으러 동경의 좁다란 골목길을 이리저리 거닐어본다. 우리의 서울 뒷골목 길에도 행복을 만들어 주는 곳이 많이 생겨났으면 좋겠다. 나는 꿈을 꿔본다. 서울 어느 뒷골목 모퉁이 조그맣고 예쁜 구멍가게에서 맛있는 행복을 만들어 손님을 대접하는 나의 모습을··

01

麺屋武蔵 二天

멘야무사시 니텐

OPEN 11:00
CLOSE 21:30

주소 | 豊島区南池袋3-14-12 토시마쿠 미나미이케부쿠로 3-14-12 1203 **TEL** | 03 5950 9210 **좌석** | 11석 **교통** | JR야마노테센 (JR山手線), 이케부쿠로역(池袋駅)에서 도보5분

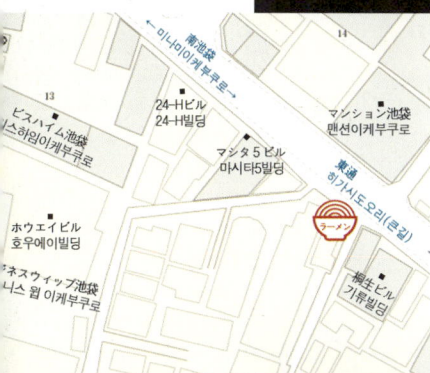

라면의 격전지 이케부쿠로에서도 돋보이는 라면집

도쿄의 대표적인 라면집인 신주쿠(新宿)의 '멘야 무사시(麺屋武蔵)'와 계통을 같이 하는 가게이지만, 본점의 맛을 그대로 이어받지 않고 독창적인 맛과 메뉴를 새롭게 개발했다. '전례에 없고 아류도 없는' 맛을 기본이념으로 '똑같은 가게가 2개 있을 필요는 없다'고 주장한다.

이집의 특징은 '튀김'이다. 라면 건더기의 기본인 차슈부터 삶은 계란까지 모두 튀겨낸다. 확실히 전례에 없고 아류도 없는 메뉴들이다.

부타텐(豚天)은 튀김옷을 얇게 입힌 후 파래김을 입혀 튀겨 낸 것으로 고소하고 맛이 좋다. 국물은 육류에 어패류를 혼합한 것인데 다른 곳에서는 맛볼 수 없는 독특한 맛을 연출하고 있다. 한정메뉴에도 튀김은 빠지지 않으면서도 참신한 메뉴를 개발해내고 있다.

▶다마부타텐 라멘(玉豚天ら一麺)

가격 (880엔) **면** (굵은 꼬불면) **국물의 농도** (진함)
육수재료 (닭뼈, 어패류, 마른 멸치, 다시마, 돼지뼈 등)
base (된장) **건더기** (부타텐(豚天, 돼지고기 튀김)
다마텐(玉天, 삶은계란 튀김), 파, 멘마)

01 다마부타텐 라멘 880엔
02 부타텐메시(豚天飯) 300엔
튀김옷인 파래김과 파가 산뜻한 맛을 준다.

02

麺屋 ごとう

OPEN 10:45
CLOSE 16:30

멘야 고토

주소 | 豊島区西池袋3-33-17東武ビル 토시마쿠니시이케부쿠로
3-33-17 토부빌딩 **TEL** | 03 3986 9115 **좌석** | 13석 **교통** | JR야
마노테센(JR山手線), 이케부쿠로역(池袋駅)에서 도보7분

오랜 정성과 시간을 들여
푹 고아낸 육수가 맛의 포인트

호텔에서 조리사로 일하던 동생이 형과 같이 단골로 다니던
'히가시 이케부쿠로 다이쇼켄(東池袋大勝軒)'. 그 맛에 빠져
라면 만들기를 배운 것이 '멘야 고토'의 시작이었다. 1998년
에 형제가 독립해서 가게를 내자마자 사람들이 줄을 서는 유
명한 맛집이 되어버렸다.

스프는 돼지뼈, 족발, 닭머리, 닭다리, 야채 등을 시간을 들
여 삶은 다음, 마른 멸치, 가츠오부시 등을 첨가해서 맛을 완
성시킨다. 면은 다이쇼켄(大勝軒)에서 배운 물을 많이 넣은
굵은 수제면으로 볼륨감이 있다. 이 가게에서도 인기 있는
메뉴는 견습생 때 배웠던 특제 모리소바(もりそば)로 곱
배기(中盛り)를 같은 가격에 먹을 수 있어서 좋다. 물론 라
면에도 열광적인 팬들이 있으며, 완탕멘(ワンタンメン)이
나 차슈멘(チャーシューメン) 등 다양한 메뉴를 즐길 수
있다. 다이쇼켄에서 배우면서도 자신의 브랜드를 새로 만
들어 가는 가게다.

▶라멘 츄모리(ラーメン 中盛り)

가격 (600엔) **면** (굵은 직면) **국물의 농도** (보통)
육수재료 (닭고기, 어패류, 마른멸치 등)
base (간장) **건더기** (차슈, 멘마, 삶은 계란1/2, 김)

01 라멘 츄모리(ラーメン 中盛り) 600엔
02 네기완탕(ねぎわんたん) 300엔
완탕 속에서 파의 풍미와 육즙이 시원한 맛을 준다.

03

創新麺庵生粋池袋 本店

OPEN 10:45 18:00
CLOSE 16:30 22:30

소신멘안 킷스이 이케부쿠로 본점

주소 | 豊島区池袋2-12-1 토시마쿠 이케부쿠로2-12-1
TEL | 03 5950 2088 **좌석** | 13석 **교통** | JR야마노테센(JR山手線), 이케부쿠로역(池袋駅)에서 도보7분

구운 꽁치의 향이 참신하면서도 친근한 맛

신주쿠(新宿)의 '멘야 무사시(麺屋武蔵)'는 말린 꽁치를 육수로 낸 것이 맛의 비결이라면, 이 곳 '소신멘안 킷스이'는 꽁치의 소금구이가 맛의 비결이다. 꽁치를 구워낸 후 체에 걸러 소스로 만들어냈다. 따라서 일반적인 어패류 계통의 라면과는 차원이 다른 맛을 연출하고 있다.

국물을 마시면 친근한 꽁치 구이의 구수한 향이 퍼진다. 이 꽁치의 맛을 최대한 살리기 위해 국물에는 돼지뼈가 아닌 닭뼈로 육수를 내어 담백한 맛을 주었다. 또한 와인을 사용한 삶은 계란이나 찐 차슈 등의 독특한 건더기는 식도락의 즐거움을 더해 준다.

추가 메뉴로는 쿠시타마메시(串玉飯) 250엔을 추천한다. 최상급의 생계란과 꽁치의 향과 맛이 듬뿍 담긴 소스를 밥에 뿌려 먹으면 또 하나의 즐거움!

▶죠킷스이 쇼유라멘(上生粋正油らーめん)

가격 (950엔) **면** (굵은 직면) **국물의 농도** (보통)
육수재료 (닭뼈, 다시마, 꽁치 등)
base (간장) **건더기** (차슈, 레드와인, 삶은 계란, 파, 멘마 등)

01 죠킷스이 쇼뉴라멘(上生粋正油らーめん) 950엔
02 이자카야와 같은 편안한 분위기의 가게

04

韓組ラーメン
一秀

| OPEN | 11:30 | 18:00 |
| CLOSE | 15:00 | 04:30 |

닷탄라멘 잇슈

주소 | 豊島区池袋本町2-1-1 토시마구 이케부쿠로 혼마치
2-1-1 **TEL** | 03 3985 3349 **좌석** | 11석 **교통** | JR야마노테센
(JR山手線), 이케부쿠로역(池袋駅)에서 도보10분

진한 국물맛이 그리울 때
추천하고 싶은 닷탄라멘 잇슈

이 집의 주인은 70~80년대에 이타바시쿠(板橋区)에 있
던 '칸나나라멘(環七ラーメン)'이라는 라면 전문점에서 수
련 후 가와고에(川越)에 가게를 열어 다양한 라면을 제공하
고 있다. 면은 '츠루야세이멘(つるや製麺)'에서 만든 닷탄
(韓組)메밀이 들어간 특제면이다. 닷탄메밀은 루틴 성분이
많이 포함된 메밀의 일종으로 면을 매끈하게 해주면서 향
도 좋다. 유명라면집 '칸나나라멘'의 명성을 이어온 특제라
면은 달콤한 간장 맛의 국물에 면을 넣기 전과 넣은 후에 2
번 세아부라(背脂, 돼지고기 로스의 비계부분)를 넣는다. 라
면이 나오면 우선 간장소스와 면, 세아부라를 잘 비벼서 먹
으면 그 강렬한 맛이 배가 된다.
기름기가 많은 라면을 좋아하지 않는 사람에게는 미소츠케
멘(味噌つけめん)을 추천한다. 여러 종류의 미소를 혼합한
진한 맛의 소스에 닷탄메밀의 부드러움을 맛볼 수 있다. 오
랜 단골손님이 많은 가게다.

▶특제 라멘(特製ラーメン)

가격 (800엔) **면** (굵은 직면) **국물의 농도** (진함)
육수재료 (닭뼈, 어패류, 돼지뼈 등)
base (된장) **건더기** (차슈, 멘마, 파, 삶은 계란 등)

01 특제 라멘 (特製ラーメン) 800엔
02 수제교자(餃子) 5개에 400엔

05

博多長浜
らーめん ぼたん

OPEN 11:00
CLOSE 02:00

하카타 나가하마 라멘 보탄

주소 | 豊島区北大塚2-12-3 토시마쿠 키타오오츠카 2-12-3
TEL | 03 3915 8641 **좌석** | 21석 **교통** | JR야마노테센(JR山手線) 이케부쿠로역(池袋駅)에서 도보2분

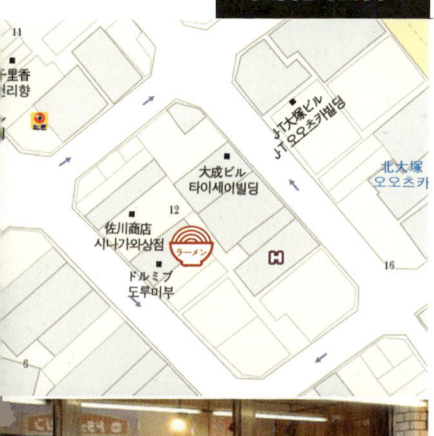

정통 돈코츠 육수의 강렬한 라면

가게 이름이 '하카타 나가하마 라멘' 인만큼 본고장 하카타의 걸쭉하고 진한 라면을 제공하고 있다. 돼지머리, 돼지뼈, 족발 등 돈코츠만을 사용하여 오랜 시간 삶아내었기 때문에, 진한 돈코츠의 맛을 살린 강렬한 느낌의 라면이다.

면은 하카다 나가하마 라면답게 가장 가는 면을 사용한다. 물론 면의 삶은 정도도 주문할 수가 있다. 토핑과 사이드 메뉴도 다양한데, 그 중 추천메뉴는 바쿠단(バクダン)이다. 갈은 고기에 오징어, 새우 등을 섞은 카라미소(辛味噌)가 별도로 제공되므로, 국물에 섞어서 색다른 맛을 즐길 수도 있고 카라미소에 국물을 부어 츠케멘(つけ麺)식으로 먹을 수도 있다. 다카다노바바(高田馬場)에 있는 2호점에서는 카라미소 대신에 가츠오부시를 넣어 어패류 계통의 국물로 색다른 맛을 즐길 수 있다.

▶**라멘**(ラーメン)

가격 (600엔) **면** (가는 직면)
국물의 농도 (진함) **육수재료** (돼지뼈) **base** (소금)
건더기 (목이버섯, 쪽파, 차슈 등)

01 라멘 (ラーメン) 600엔
02 바쿠단(バクダン)의 카라미소는
매운 맛이 강하므로 라면과 잘 섞어 먹어야 한다.

06

二代目
海老そば けいすけ

OPEN 11:45
CLOSE 23:30

니다이메 에비소바 케이스케

주소 | 新宿区 高田馬場 2-14-3 三桂ビル 1F 신주쿠쿠 다카다바바 2-14-3 산케이비루1F **TEL** | 03 3207 9997 **좌석** | 14석
교통 | JR야마노테센(JR山手線), 다카다노바바역에서 도보3분

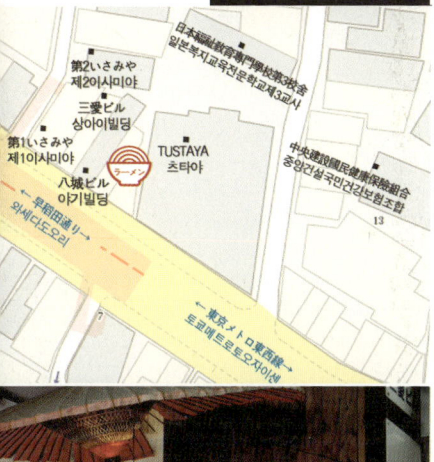

진한 새우맛을 마음껏 느낄 수 있다

프랑스, 일본요리의 경험이 많은 다케다씨가 혼고(本郷)에 있는 초대 케이스케와는 전혀 다른 컨셉으로 오픈한 '니다이메 에비소바 케이스케'는 이름처럼 에비소바(새우소바)를 테마로 하였다. 새우 머리를 한 번 구운 후에 여러가지 재료와 함께 고아낸 스프는 프랑스요리 중 왕새우가 들어간 콩소메 스프에서 영감을 얻은 것으로 단맛과 향기가 잘 배합되어, 깔끔하면서도 깊은 맛을 느낄 수 있는 다양함을 연출한다. 이 라면의 포인트는 닭고기 차슈. 닭다리를 불에 한 번 구운 후, 훈제를 해서 재차 고아낸 스프로 맛이 일품이다.
'여성고객 혼자서도 부담없이 즐겨 찾을 수 있는 가게'로 실내는 모노톤의 깔끔한 분위기에 흘에는 재즈가 흘러나온다. 면발도 쫄깃하고, 인테리어도 잘 되어 있어 경쟁이 치열한 일본 동경라면계에서 새로운 바람을 일으키고 있는 가게다.

▶에비소바(海老そば)

가격 (720엔) **면** (약간 가는 직면) **국물의 농도** (보통)
육수재료 (야채, 돼지뼈, 닭껍질등) **base** (대하)
건더기 (닭고기 차슈, 대하완탕(완자), 오렌지껍질 등)

01 에비소바(海老そば) 720엔
02 직접 만든 오렌지 푸딩(オレンジプリン) 250엔

07

さっぽろ
純連 東京店

삿뽀로 준렌 도쿄텐

OPEN 11:00
CLOSE 22:00

주소 新宿区 高田馬場 3-12-8 1F 신주쿠 다카다노바바 3-12-8 1F **TEL** 03 5338 8533 **좌석** 14석 **교통** JR야마노테센 (JR山手線) 다카다노바바역(高田馬場)에서 도보5분

원조 삿뽀로 미소라멘의 맛을 도쿄에서 즐길 수 있다

유명한 '삿뽀로 준렌'점이 도쿄에 진출. 라면으로 경쟁이 치열한 다카다노바바에서 5년째 하루도 빠짐없이 손님이 끊이지 않는 인기 있는 곳이다.

인기의 비결은 뭐니뭐니해도 본고장의 진한 국물 맛. 주문 때마다 즉석에서 팬에 야채를 볶고, 미소를 볶아 스프를 푹 끓인다. 마늘이나 생강, 산쇼(산나물 열매)의 향기가 스프 안에서 완벽하게 조화를 이루어 먹으면 먹을수록 입을 뗄 수 없는 맛이다. 뜨거운 김이 나지 않는 것은 라드(lard)가 표면을 덮고 있기 때문으로 뜨거운 그릇을 통해 마지막까지 뜨끈한 라면을 맛볼 수 있다. 면은 삿뽀로의 모리스미(森住)면을 직접 사용한다. 중간 정도 굵기의 약간 꼬불꼬불한 면이 진한 국물 맛과 잘 어우러져 라면으로 해장을 하고픈 맘이 드는 곳이다. 또한 미소뿐만 아니라 쇼유(간장)나 시오(소금)로도 본고장 삿뽀로의 맛을 느낄 수가 있는 곳이며, 진한 육수와 영양을 원하는 고객 특히 남성에게 권유하고픈 가게이다.

▶미소 라멘(味噌ラーメン)

가격 (800엔) **면** (꼬불꼬불하면서 약간 굵다) **국물의 농도** (약간 진함) **육수재료** (돼지뼈, 족발, 해산물, 돼지 등기름, 야채 등) **base** (미소) **건더기** (차슈, 죽순 , 파)

01 미소 라멘(味噌ラーメン) 800엔
02 차항(チャーハン) 700엔
삶은 계란과 차슈로 아주 심플하게 만든 볶음밥

147

08

麺屋武蔵

멘야무사시

OPEN 11:30 16:30
CLOSE 15:30 21:30

주소 | 新宿区西新宿 7-2-6 신주쿠쿠 니시신주쿠 7-2-6
TEL | 03 3363 4634 **좌석** | 19석 **교통** | JR야마노테센
(JR山手線) 신주쿠역(新宿駅)에서 도보7분

한올 한올 성실함이 배어있는 면과 국물의 맛, 동경라면의 선두주자 멘야무사시

동경 라면계의 간판 '멘야 무사시'는 아오야마(青山)에서 개업한지 10년이 지난 지금도 그 실력과 인기가 상한가이다. 타의 추종을 불허할 만큼 라면집으로 천하무적이라 칭송받는 이유는 라면식객이 심혈을 기울여 만들어 내는 전체적인 조화로움 때문이다. 육류, 어패류를 따로 고아내 육수를 만들고 손님에게 내기 직전에 섞는 W스프의 비법. 중간 굵기의 쫄깃한 퉁퉁한 직면은 그 날 그 날의 기온과 습도에 맞추어 삶는 시간을 제각각 달리하여 180g의 풍부한 식감을 제공한다. 차슈, 멘마, 파가 잘 어우러지면서도 각각의 맛이 살아나는 라면이다. 또한 포인트로 삶은 계란을 추가하면 라면의 왕도다운 정통 라면이 탄생된다. 아울러 주문할 때 '새우기름'을 추가시키면 강렬한 맛의 즐거움이 배가 된다. '멘야무사시'의 마니아들은 특히 이 맛에 길들여져 있다

이 집의 야토기(矢都木) 점장은, '한정메뉴는 요리사의 끊임없는 도전의 산물' 이라고 한다. 이러한 노력이 손님들의 행렬이 끊이지 않게 하는 이유이기도 하다.

▶아지타마 라멘(あじ玉ラーメン)

가격 (830엔) **면** (굵은 직면) **국물의 농도** (보통) **육수 재료** (닭뼈, 돼지뼈, 말린 꽁치, 가츠오, 마른 멸치 등) **base** (간장) **건더기** (차슈, 삶은 계란, 김, 멘마, 파 등)

01 아지타마 라멘(あじ玉ラーメン) 830엔
02 19석의 카운터석에선 주방의 조리모습을 한눈에 볼 수 있다.

149

타케짱 니보시라멘
요요기텐

주소 | 渋谷区 代々木1-45-4 시부야쿠 요요기 1-45-4
TEL | 03 3461 2032 **좌석** | 22석 **교통** | JR야마노테센(JR山
手線) 요요기역(代々木駅)에서 도보5분

본점과는 또 다른 깔끔한 맛의
시오라멘

쵸후역(調布駅)앞에 있는 '타케짱 니보시라멘'의 2호점. 개점
당시에는 본점과 같은 맛을 제공했었지만, 2006년 가을에
요요기점의 맛을 리뉴얼했다. 본점의 추천메뉴는 쇼유라멘
(醤油ラーメン)이지만, 요요기점에서는 시오라멘을 주력으
로 내세우고 있다. 기존의 인기 메뉴인 쇼유라멘이나 츠케
멘(つけ麺)도 먹을 수 있지만, 요요기점에서는 시오라멘에
더 어울리는 스프로 바꿨다. 은은한 마른 멸치의 풍미를 유
지하면서도 가장 큰 차이점은 고급 토종닭을 스프에 사용하
고 있는 것이 특징이다. 닭백숙 같은 진한 맛이 아닌 깔끔하
고 담백한 닭고기의 맛을 느낄 수 있을 것이다.
또 미소를 베이스로 한 아부라소바(油そば)나 계란스프가
함께 나오는 아부라멘(油麺), 검정콩, 검정깨, 흑미 등을 면
에 넣은 쿠로고멘(黒五麺)과 같이 독창적인 메뉴도 준비되
어 있다.

▶ **시오라멘**(塩らーめん)

가격 (740엔) **면** (직면) **국물의 농도** (보통)
육수재료 (닭고기, 다시마, 마른 멸치) base (소금)
건더기 (차슈, 멘마, 파, 어묵 등)

01 시오라멘(塩らーめん) 740엔
02 면의 맛을 부각시키는 칼국수 같은 납작한 면이 특징이다.

10

七重の味の店
めじろ

나나에노 아지노미세 메지로

OPEN 11:30
CLOSE 20:00

주소 | 渋谷区代々木 1-58-7 시부야쿠 요요기 1-58-7 **TEL** | 03
3299 8050 **좌석** | 12석 **교통** | JR야마노테센 (JR山手線), 요요
기역(代々木駅)에서 도보3분

변화하는 국물의 비결은
섬세하면서도 대담한 어패류

후지사와(藤沢)의 인기 라면집이 2004년에 중심가인 요요
기로 이전했다. 가게 이름인 '나나에노 아지(七重の味, 7가
지 맛)'는 여러 맛이 복합적으로 어우러진 국물을 의미한다.
먹으면서 음식의 온도가 떨어지면 국물의 맛도 점점 변화
해 간다. 어패류를 사용한 솜씨가 섬세하면서도 대담하다.
단순한 어패류의 맛이 아닌 다른 가게에서 맛볼 수 없는 독
특함을 연출한다.

가게를 이전하면서 면도 수타면으로 바꾸고, 사각형의 멘마
나 오븐에서 구운 차슈도 인기를 모으고 있다. 꾸준히 다양
한 메뉴 개발을 시도하고 있으며, 2006년 여름에 내놓은 '탄
산 히야시라멘'는 라면 마니아나 매스컴에서도 주목을 받았
다. 가와사키역(川崎駅) 앞에도 지점을 냈으며, 요요기점에
는 없는 메뉴를 선보여 인기를 얻고 있다.

▶라멘(らーめん)

가격 (730엔) **면** (가는 직면) **국물의 농도** (담백함)
육수재료 (가츠오부시, 다시마, 돼지뼈, 닭뼈, 야채류
등) **base** (간장) **건더기** (차슈, 멘마, 파, 김 등)

01 라멘 (らーめん) 730엔
02 카레동(カレー丼)

11

中華そば すずらん

츄카소바 스즈랑

OPEN 11:30 17:30
CLOSE 15:30 23:00

주소 | 渋谷区渋谷3-7-5大石ビル1F 시부야쿠시부야 3-7-5 오오이시빌딩1층 **TEL** | 03 3499 0434 **좌석** | 16석 **교통** | JR 야마노테센(JR山手線), 시부야역(渋谷駅)에서 도보4분

수타면의 맛을 제대로 살린 츠케멘과 특별 한정메뉴가 인기

2003년에 개점하여 2년 전부터 완성도를 높인 신메뉴와 한정메뉴를 의욕적으로 개발하여, 지금은 시부야를 대표하는 라면집이라고 해도 과언이 아닐 정도로 급성장한 곳이다. 가장 주목을 끄는 것은 수타 수제면, 가는 면, 약간 굵은 면, 굵은 면, 납작한 면, 히모카와(ひもかわ)라는 다섯 종류의 면을 사용한다. 이 중에서도 폭이 매우 넓은 납작면이 눈길을 끈다. 이들 면의 맛을 보기 위해서는 씹히는 맛이 일품인 두꺼운 츠케멘(つけ麺)을 추천한다.

또한 츠케멘과 함께 인기메뉴는 금요 한정 닭고기 스프면. 진하게 우러나온 닭고기국물 맛을 보려고 금요일 가게 앞은 손님의 긴 행렬이 이어져 점심시간이면 이미 매진이 된다. 이 밖에도 다양한 한정메뉴를 개발하고 있어 추가주문이 많기로 유명한 가게이다.

▶미소가쿠니 츠케소바(味噌角煮つけそば)

가격 (1,150엔) **면** (굵은 직면) **국물의 농도** (진함)
육수재료 (가츠오부시, 마른 멸치, 돼지뼈, 닭고기 등)
base (미소) **건더기** (숙주, 양배추, 청경채, 부추, 깨 등)

01 미소가쿠니 츠케소바(味噌角煮つけそば) 1,150엔
02 납작 면, 굵은 면 중에서 고를 수 있는 츠케멘은 무료로 곱배기를 추가할 수 있다.

155

12

ラーメン＆
麺酒場 凪

라멘 안도 멘사카바 나기

OPEN 11:30
CLOSE 01:00

주소 | 渋谷区東1-3-1 カミニート 1F 시부야쿠히가시 1-3-1 카미니트1F **TEL** | 03 3499 0390 **좌석** | 24석 **교통** | JR야마노테센(JR山手線) 시부야역(渋谷駅)에서 도보8분

← 六本木通り→
롯폰기 도오리

젊은 주방장들이 만들어내는 환상의 라면과 자유로운 공간

롯폰기 길을 따라서 역을 지나 약간 변두리에 있는 이 가게는 손맛으로 승부하는 가게라는 느낌이 풍겨난다. 스탭들의 활기찬 인사도 기분을 좋게 만든다. 이 집의 간판 메뉴는 돈코츠라멘이다. 돼지뼈를 정성스레 다듬어서 강한 불로 우려낸 스프는 그 진한 맛이 부드럽게 목을 타고 넘어간다. 각종 해물이 첨가되어 더욱 부드러운 느낌의 맛을 연출한다. 해물과 돈코츠의 조화가 어울려진 이 곳 라면의 맛이지만 어디까지나 돈코츠라멘 맛이 강하다.

이름만 들어도 유명한 가게 출신의 젊은 주방장들이 중심인 이 라면가게는 주인과 손님과의 거리가 무척 친밀하고도 가깝다. 밤에는 술집으로 간단한 안주와 술도 다양하게 즐길 수 있다. 이 가게의 단골들이 모여서 가게주인과 담소를 나누며 라면을 먹고 귀가하는 모습이 우리네 사랑방 같아 보였다.

▶기가돈코츠라면(ギガ豚骨らーめん)

가격 (800엔) **면** (가는 직면) **국물의 농도** (진함) **육수재료** (차슈소스, 가츠오부시, 다시마, 표고버섯 등) **base**(간장) **건더기** (차슈, 파, 반숙계란 등)

01 기가돈코츠라면 800엔
02 야키라멘 오오모리 (焼きらー麺 大盛) 600엔
돈코츠멘을 스프가 아닌 농축된 타레(소스)로 맛볼 수 있다.

13

喜樂

키라쿠

OPEN	11:30
CLOSE	20:30

주소 | 渋谷区道玄坂 2-17-6 시부야쿠 도겐자카 2-17-6
TEL | 033461 2032　**좌석** | 27석　**교통** | JR야마노테센(JR山手線) 시부야역(渋谷駅)에서 도보6분

오래된 역사와 품격을 느낄 수 있는 전통 중화면

창업한 지 50년 된 동경 라면업계의 대표적 맛집. 2대, 3대에 걸친 단골손님과 유명인사 팬도 적지 않다. 유행에 흔들리지 않는 오랜 전통의 맛. 이 집은 닭고기와 돼지고기로 푹 고아낸 담백한 스프에 간장을 첨가해 완벽한 맛을 내었다. 심플하지만 질리지 않는 맛과 이 가게의 명물인 '파 튀김'의 향기와 맛이 첨가되어 독창적인 맛을 내고 있다. 이러한 맛이 반세기에 걸쳐서 동경 라면 애호가들을 헤어 나올 수 없게 하고 있다고 한다.

면은 특이하게도 납작한 면이며, 동경 라면이면서도 어딘지 모르게 중국 대륙적인 분위기도 느껴진다. 최근 반숙 계란이 유행함에도 끝까지 완숙 계란을 고수하고 있으며, 숙주를 듬뿍 넣고 차슈를 얹어낸다. 최근 유행하는 라면집에서는 느낄 수 없는 역사와 전통이 숨어있는 라면집이다.

▶츄카멘(中華麵)

가격 (600엔) **면** (굵은 직면) **국물의 농도** (보통)
육수재료 (닭고기, 돼지뼈 등) **base** (간장)
건더기 (파, 튀김, 숙주, 차슈, 삶은 계란 등)

01 츄카멘 (中華麵) 600엔
02 모야시멘 (もやし麵) 700엔
숙주에 당근, 부추 등의 야채가 듬뿍 들어 있다.

14

はやし

OPEN 11:30
CLOSE 15:30

하야시

주소 | 渋谷区道玄坂 1-14-9ソシアル道玄坂 1 F 시부야쿠 도겐
자카 1-14-9 소셜도겐자카 1층 **TEL** | 03 3770 9029 **좌석** | 10석
교통 | JR야마노테센(JR山手線) 시부야역(渋谷駅)에서 도보5분

부드러운 스프와 엄선된 재료가 절묘한 조화를 이룬 곳

시부야 이미지와는 거리가 먼 한적한 뒷골목에 위치한 아담
한 가게. '하야시'에서 맛볼 수 있는 메뉴는 3종류 뿐이다. 국
물은 진한 돼지뼈 육수와 깔끔한 닭뼈 육수를 섞어내어서 특
유의 부드러운 맛을 연출한다. 여기에 일본풍 육수와 감칠맛
이 비결인 구운 날치와 말린 고등어 등은 어패류의 풍미를
더해주며, 거기에 전체적으로 간장으로 맛을 낸 국물이 일
품이다. 마지막까지 한 방울의 국물도 남기지 않고 깨끗이
그릇을 비울 수가 있다.
면은 밀의 향기가 가득한 약간 가는 면이며, 국물 맛에 절대
뒤지지 않는 면발은 씹는 맛이 제격이다. 육즙이 많은 차슈,
두툼한 굵기의 멘마 등 엄선된 식재료를 사용하고 있다. 다
소 찾기 어려운 장소에 있지만 꼭 가볼 것을 추천한다.

▶ 야키부타라멘(焼き豚らーめん)

가격 (950엔) **면** (약간 가는 직면) **국물의 농도** (진함)
육수재료 (닭뼈, 돼지뼈, 가츠오부시, 말린 고등어, 구
운 날치 등) **base** (간장) **건더기** (차슈, 멘마, 조린 게
란, 유자껍질 (겨울 한정) 등)

01 야키부타라멘(焼き豚らーめん) 950엔
02 라멘 680엔, 조린 계란이 추가된 아지타마라멘 (味玉らー
めん)은 750엔

161

15

AFURI

아후리

OPEN 11:00
CLOSE 21:30

주소 | 渋谷区恵比寿 1-1-7 시부야쿠 에비스 1-1-7
TEL | 03 5795 0750 **좌석** | 20석 **교통** | JR야마노테센(JR山手線),
에비스역(恵比寿駅)에서 도보2분

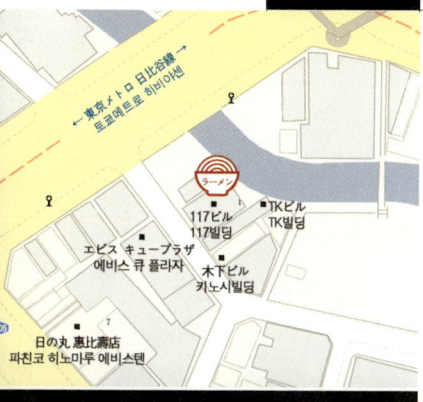

담백하고 깔끔한 스프에
상큼한 향이 포인트

아츠기(厚木)의 인기 라면집 'Zund-Bar'와 같은 계통의 가게이다. 'Afuri' 라는 가게 이름은 'Zund-Bar' 근처에 있는 아후리산(阿夫利山)에서 따왔다고 한다. 라면의 격전지라고 할 수 있는 에비스에 위치한 만큼 라면의 맛은 보장할 수가 있다. 담백하고 깔끔한 스프는 돼지뼈와 닭뼈를 바탕으로 한 다시마, 가츠오부시, 말린 고등어 등의 어패류를 조화롭게 혼합했다. 어패류의 바다 풍미가 부드럽고 고급스러운 맛을 이뤄냈다. 여기에 은은한 유자향의 맛이 포인트를 더해 주고 있다. '닭기름'을 추가하면 걸쭉하고 강렬한 맛을 따로 즐길 수가 있다.
얇은 면은 담백하고 깔끔한 국물과 어우러져 씹는 맛이 좋으며, 토핑으로 들어가는 구운 차슈의 맛이 인상적이다. 세련된 인테리어로 여성고객들이 즐겨 찾는 가게이다.

▶유즈시오멘(ゆず塩麺)

가격 (950엔) **면** (약간 가는 직면) **국물의 농도** (보통)
육수재료 (가츠오부시, 마른 멸치, 말린 고등어, 닭뼈, 돼지뼈 등) **base** (소금) **건더기** (차슈, 조린 계란, 미즈나(水菜), 경수채), 김 등)

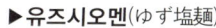

01 유즈시오멘(ゆず塩麺) 950엔
02 니쿠고항(肉ごはん) 400엔
차슈 위에 흰파와 깨를 듬뿍 얹었다.

16

豚そば家 大大

부타소바야 다이다이

OPEN 11:30 17:30
CLOSE 16:00 24:00

주소 | 世田谷区 奥沢 5-26-4 세타가야쿠 오쿠자와 5-26-4
TEL | 03 5701 8801 **좌석** | 10석 **교통** | 토큐 도요코센(東急東横線)
또는 오오이마치선(大井町線) 지유가오카역(自由が丘駅) 도보5분

가리비와 돼지뼈의 조화가
새로운 맛을 창조한다

지유가오카역 근처에 위치해 여성고객 혼자서도 편히 들어갈 수 있는 분위기의 가게. 이곳은 칸나나(環七)에서 인기를 모은 쇼유라멘으로 유명한 '세타가야(せたが屋)'와 시오라멘으로 유명한 '히루가오(ひるがお)'를 경영하는 오너가 3번째로 돈코츠라멘에 도전한 가게이다.

우윳빛이 도는 스프는 돼지뼈 특유의 부드러운 맛이 나면서도 돼지의 뼈 냄새를 제거했다. 그리고 진한 돼지뼈의 맛 뒤에 느껴지는 맛은 가리비살을 볶아서 만든 기름과 토핑으로 얹은 가리비 튀김이 스프에 녹아든 맛이다. 먹는 도중에 식탁 위에 놓여 있는 카레 파우더 등의 조미료를 첨가해서 맛의 변화를 즐기는 것도 포인트. 또한 가게 주인은 새로운 메뉴 개발에 의욕적인데, 굵은 면과 가는 면을 한 그릇에 담아 다양한 식감을 즐길 수 있는 '미소 니토멘(味噌二刀麺)'도 인기가 있다.

▶ **부타소바**(豚そば)

가격 (780엔) **면** (가는 직면) **국물의 농도** (약간 진함)
육수재료 (가리비, 돼지뼈 등) **base** (어패류, 돼지뼈)
건더기 (차슈, 목이버섯, 파, 튀긴 가리비 등)

01 부타소바(豚そば) 780엔
02 미소니토멘(味噌二刀麺) 900엔

OPEN 11:00	**주소** | 渋谷区神宮前 4-12-10 表参道ヒルズ本館 3F 시부야쿠 진구마
CLOSE 24:00	에 4-12-10 오모테산도 힐즈 3층 **TEL** | 03 5410 1368 **좌석** | 21석
	교통 | 긴자센 오모테산도역(東京メトロ銀座線表参道駅)에서 도보 3분

3F MIST
ラーメン
表参道ネスパス
오모테산도오힐즈

STAGE1表参道
STAGE1오모테산도

表参道新潟館ネスパス
오모테산도오 니이가타칸
N'espace

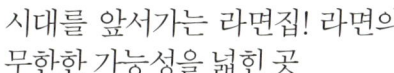

시대를 앞서가는 라면집! 라면의 무한한 가능성을 넓힌 곳

오모테산도 힐즈점과 동시에 오픈한 곳이다. 오모테산도 힐
즈에 라면가게가 생겼다는 점에서부터 화제를 불러 일으켰
다. 라면전문점이라고 하기보다는 고코쿠지(護国寺)의 유
명한 음식점 '차부야(ちゃぶ屋)'의 새로운 형태로, 라면과
프랑스요리의 접목을 시도한 새로운 스타일의 음식점이다.
코스요리도 준비되어 있으며 라면의 소재를 살린 프랑스풍
의 퓨전 요리 등, 참신한 메뉴가 다양하다. 예를 들어 밥 대신
에 중화면을 사용한 이미테이션 스시나, 한 스푼에 담아내는
라면 등. 데이트 코스로도 손색없는 흥미 만점의 가게이다.
라면 가격은 오모테산도 힐즈이기 때문에 비싼 것이 아니라
엄선된 식재료를 사용했기 때문이다. 최상급의 식재료로 만
든 라면을 맛볼 수 있는 곳이다.

▶ 시오야나기멘(塩柳麵)

가격 (1,250엔) **면** (약간 가는 직면) **국물의 농도** (보통)
육수재료 (닭뼈, 닭고기, 돼지뼈, 말린 고등어, 날치,
가츠오부시 등) **base** (소금) **건더기** (차슈, 마늘, 에샬
로트, 파 등)

01 시오야나기멘(塩柳麵)1,250엔
02 매끈한 느낌의 면은 세련된 맛의 국물과도 절묘한 조화를
이룬다.

18

麺屋武蔵青山

멘야무사시 세이잔

OPEN 11:00 17:30
CLOSE 16:00 21:30

주소 | 港区青山 2-3-8 미나토쿠 아오야마 2-3-8 **TEL** | 03 3796 8634
좌석 | 12석 **교통** | 긴자센(銀座線) 아오야마잇초메역(青山一丁目駅)
도보3분

창업 초기의 옛맛을 고수한 깔끔한 메뉴

신주쿠에서 줄을 서서 먹는 인기 맛집 '멘야 무사시(麺屋武蔵)'의 본점이 원래 이곳이었다. 지금은 본점을 신주쿠로 이전했다. 가게 이름 '青山'을 '아오야마' 라 읽지 않고 '세이잔'이라고 읽는다. 점장에게 조리를 모두 맡기고 있기 때문에 신주쿠점과는 또 다른 개성이 있다. 어느 쪽이 더 맛있다기 보다는 '신주쿠파'와 '세이잔파'가 나뉘어져 있다고 말한다. 옛맛을 더 살린 이곳이 '세이잔'이라고 할 수 있다. 창업 당시의 맛을 알고 있는 사람에게는 정겨움까지도 느낄 수 있는 라면집이다. '부드러운 맛'과 '진한 맛' 중 선택해서 먹을 수 있다.
주방이 좁기 때문에 신주쿠점처럼 기발한 한정 메뉴는 많지 않지만, 최근 깔끔한 맛을 추구한 추천 메뉴가 다양하다. 그 중에서도 가장 추천할만한 것은 시오라멘. '멘야 무사시'에서 시오라멘을 취급하는 곳은 여기 '세이잔' 뿐이니 꼭 먹어보길 바란다. 또한 겨울 한정 메뉴인 미소라멘도 인기 메뉴이다.

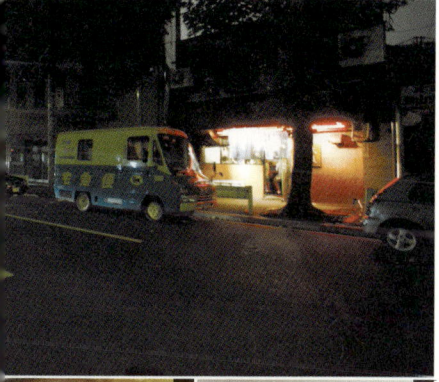

▶시오라멘(塩らーめん)

가격 (830엔) **면** (약간 굵은 꼬불꼬불한 면) **국물의 농도** (보통) **육수재료** (닭뼈, 해산물, 마른멸치,돼지뼈 등) **base** (소금) **건더기** (차슈, 멘마, 파, 말린 새우, 김)

01 시오라멘(塩らーめん)
02 톤가리메시(豚がり飯) 210엔

19

共楽

쿄라쿠

주소 | 中央区銀座 2-10-12 추오쿠 긴자 2-10-12 **TEL** | 03 3541 768
6 **좌석** | 11석 **교통** | 긴자센 긴자역(東京メトロ 銀座線 銀座駅)에
서 도보3분

창업 50년이 훌쩍 지난 지금도 인기 만점의 라면집

1950년에 창업하여 긴자에서 반세기를 넘는 역사를 갖는 라면집 '쿄라쿠'. 전통 있는 라면집은 주로 담백하고 심플한 라면을 많이 내놓는 편인데, 이 가게의 국물은 마른 멸치의 맛과 향이 육류의 깊은 맛에 더해져 동경 라면의 틀에 얽매어 있지 않다. 면은 약간 굵은 면으로 부드럽게 넘어가는 느낌이 좋고 국물과 잘 어우러져 입안으로 퍼진다. 두툼한 차슈와 간장으로 맛을 낸 멘마도 최상급의 재료를 사용한다. 좋은 식재료를 제대로 맛볼 수 있는 차슈멘(チャーシューメン), 씹는 맛이 좋은 다케노코소바(竹の子そば, 죽순 소바), 부드러운 껍질이 인상적인 완탕멘(ワンタンメン) 등, 각 메뉴마다 마니아가 있을 정도이다.

묵묵히 반평생을 라면 하나만을 위해 살아온 주인장. 음식이 나갈 때까지 긴장을 늦추지 않는 그의 자세가 라면 마니아들을 매료시키는 비법인 것 같다.

▶ 츄카소바(中華そば)

가격 (600엔) **면** (약간 굵은 직면) **국물의 농도** (보통)
육수재료 (비공개) **base** (간장) **건더기** (차슈, 파, 멘마 등)

01 츄카소바 (中華そば) 600엔
02 씹는 맛이 일품인 부드럽고 쫄깃한 차슈

171

20

麺屋武蔵
武骨

멘야무사시 부코츠

OPEN 11:30
CLOSE 20:30

주소 | 台東区 上野 6-7-3 다이토쿠 우에노 6-7-3
TEL | 03 3834 6528 **좌석** | 12석 **교통** | JR야마노테센(JR山手線)
우에노역 도보8분

흑라면의 스프가 강렬함을 주는 곳! 맛이 좋아 다시 찾고 싶은 곳

'멘야 무사시 부코츠'는 신주쿠에서 줄 서서 먹는 인기 맛집 '멘야 무사시'의 체인점이면서도 본점과는 완전히 다른 분위기를 지닌 우에노의 인기 맛집.

라면은 쇼유 돈코츠의 농후한 스프이며, 각각 다른 향미유를 사용한 흑, 백, 적의 3종류를 라인업으로 하고 있다. 면은 스프와 가장 잘 어우러지는 두툼한 스트레이트면이다. 오징어 먹물과 마늘향유를 사용한 새까만 짜장면색 스프가 강렬한 인상을 남긴다. 진하고 절묘한 맛이 끝내주는 흑(黑)라면, 말린 오징어와 가다랑이 등을 넣어 해산물의 맛을 살린 개운한 맛의 백(白)라면. 각종 향신료가 듬뿍 들어간 빨간 적(赤)라면은 겉보기보다는 적당히 매운 맛을 즐길 수 있다. 3가지 모두 라면 마니아의 까다로운 입맛을 만족시키고 있다. 토핑으로는 매우 두툼한 차슈, 파, 멘마. 여기에 적절히 맛이 배인 조림 계란을 토핑하면 입맛이 더욱 즐거워진다.

▶ **아지타마라멘(흑라면)**(味玉ラーメン)(黒)

가격 (730엔) **면** (약간 굵은 직면) **국물의 농도** (약간 진함) **육수재료** (오징어 먹물, 마늘향유, 마늘) **base** (간장) **건더기** (조림 계란, 차슈, 파, 멘마 등)

01 아지타마라멘 (味玉ラーメン) 730엔

173

21

浅草名代
らーめん与ゐ屋

아사쿠사 나다이 라멘 요로이야

OPEN 11:00
CLOSE 20:30

주소 | 台東区浅草 1-36-7 다이토쿠 아사쿠사 1-36-7
TEL | 03 3845 4618 **좌석** | 30석 **교통** | 긴자센 아사쿠사역
(東京メトロ銀座線浅草駅)에서 도보5분

'아사쿠사'와 '라면'을 통째로 즐길 수 있는 아사쿠사 명물의 라면 가게

아사쿠사에서 오픈한지 18년째인 '아사쿠사 나다이 라멘 요로이야'가게 주인인 마츠모토 테루아키(松本光昭)씨는 아사쿠사에서 태어나 아사쿠사에서 자랐으며, 동경 토박이답게 라면의 맛은 물론 그릇에도 세련된 멋을 살린 인상적인 라면 가게를 운영하고 있다.

이 가게의 일등 추천 메뉴는 와후 쇼유라멘. 히다카(日高)산 다시마와 치바(千葉)산 마른 멸치 등, 최상급으로 엄선한 재료를 듬뿍 넣어 깔끔하고 개운함이 느껴지는 스프에 절묘하게 삶아낸 두툼한 면이 특징이며, 정갈한 맛도 느낄 수 있는 매력만점의 라면이다. 비곗살이 적절히 섞인 돼지 로스로 만든 차슈와 독특하게 양념한 특제 멘마가 라면의 맛을 한층 업그레이드 해준다. 이외에 납작면을 넣은 자루라멘(ざるらーめん 650엔)도 인기 메뉴다.

▶와후쇼유라멘(和風醤油らーめん)

가격 (650엔) **면** (약간 굵은 꼬불꼬불한 면)
국물의 농도 (보통) **육수재료**(돼지뼈, 닭뼈, 야채 등)
base(간장) **건더기**(차슈, 멘마, 김, 유자 껍질)

01 와후쇼유라멘(和風醤油らーめん) 650엔
02 와후교자(和風ぎょうざ) 350엔

츄카소바 츠시마

OPEN 11:30
CLOSE 21:30

주소 │ 台東区浅草 1−1−8 다이토쿠 아사쿠사 1-1-8
TEL │ 03 5828 3181 **좌석** │ 18석 **교통** │ 긴자센 아사쿠사역
(東京メトロ銀座線浅草駅)에서 도보5분

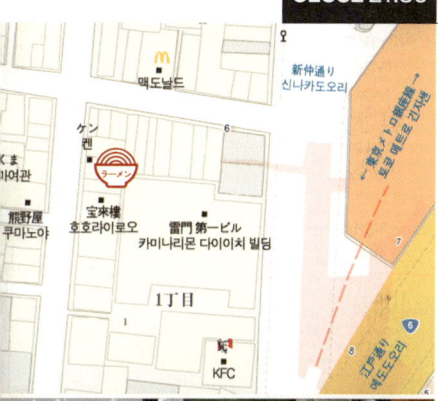

굵은 면과 담백한 국물의
절묘한 조화

하카타 돈코츠 라면으로 유명한 '하카타 나가하마 라멘 다나카 쇼텐(博多長浜らーめん田中商店)'의 제2 브랜드인 '츄카소바 츠시마'는 동경에서는 보기 드문 아오모리(青森)풍 라면을 제공한다. 면은 쫄깃쫄깃한 우동을 연상케 하는 굵은 직면, 매일 아침 숙성시키지 않고 바로 반죽해내는 수제면을 사용한다. 마른 멸치를 듬뿍 우려낸 맑은 간장맛 국물은 옛스러운 소박한 맛이 난다.

메뉴는 츄카소바 뿐이며, 대, 중, 소로 면의 양을 선택할 수 있다. 츄카소바(소)도 면이 180g으로 볼륨감이 있다. 차슈도 듬뿍 얹어 나오기 때문에 충분히 배부르게 먹을 수 있는 만족감 높은 메뉴이다. 또한 하카타에서 주문해 오는 명란젓을 듬뿍 얹은 밥인 멘타이메시(明太めし 250엔)도 인기메뉴다. 11시 30분부터 14시 30분까지는 평일 한정으로 밥을 무료로 서비스하고 있다.

▶츄카소바(中華そば)

가격 (750엔) 면 (굵은 직면) 국물의 농도 (보통) 육수재료 (마른 멸치) base(간장) 건더기 (차슈, 파, 멘마 등)

01 츄카소바(中華そば) 750엔
02 국물과 쫄깃한 면발이 절묘한 하모니를 이루는 츄카소바

23

青葉 中野本店

아오바 나카노 본점

OPEN 10:30
CLOSE 19:30

주소 | 中野区 中野 5-58-1 나카노쿠 나카노 5-58-1
TEL | 03 3388 5552 **좌석** | 13석 **교통** | JR츄오센 나카노역
(JR中央線中野駅)에서 도보5분

줄을 서서 기다려서라도 먹고 싶은 원조 일식풍 돈코츠 소바

1996년에 개업한 '멘야 무사시(麵屋武蔵)' '쿠지라켄(くじら軒)'과 어깨를 나란히 하며 라면 업계에서 상당한 영향력을 갖고 있는 가게다. 1996년에는 최고의 라면 맛집 중 하나로 선정되기도 했다. 돈코츠(돼지뼈) 베이스의 걸쭉한 스프에 해산물의 육수가 조화를 이룬 '일식풍 돈코츠 소바' 메뉴가 바로 주인공이다. 육류 베이스의 스프와 해산물 베이스의 스프를 따로 고아낸 후, 섞어서 만든 'W스프' 라는 조리법으로 유명한 곳이기도 한 이곳이 '아오바 라면집'이다. 이 맛과 조리법을 따라하는 라면 가게가 일본 전국에 속출하고 있고, 아오바 마니아도 동경뿐 아니라 전국적으로 널리 퍼져 있다.

원조 일식풍에 쫄깃하고 납작한 라면을 먹고자 연일 긴 행렬이 이어지고 있다. 라면과 함께 츠케멘(つけ麺)도 인기 메뉴. 스프는 약간 진한 맛을 냈으며, 면과 아주 잘 어우러져 라면의 깊은 맛을 느낄 수 있다. 두 메뉴 다 줄을 서서 기다려서라도 먹고 싶은 강추 메뉴.

▶토쿠세이츄카소바(特製中華そば)

가격 (850엔) **면** (굵은 직면) **국물의 농도** (진함)
육수재료 (닭뼈, 어패류, 마른 멸치) **base** (간장)
건더기 (삶은 계란, 차슈, 멘마, 김, 어묵, 파)

01 토쿠세이 츄카소비(特製中華そば) 850엔
02 테이블석만 13석인 가게 내부

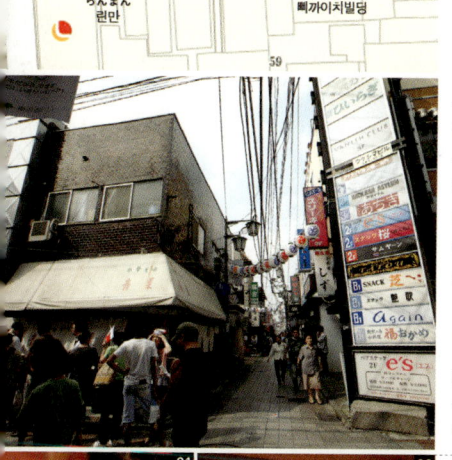

24

麺処 田ぶし

멘도코로 다부시

OPEN 11:30
CLOSE 01:00

주소 | 杉並区 高円寺北 3-2-17 스기나미쿠 코엔지키타 3-2-17
TEL | 03 5327 4744　**좌석** | 10석　**교통** | JR츄오센 코엔지에키역
(中央線高円寺駅)에서 도보2분

입안 가득 퍼지는 스프와 향유의 하모니

고엔지역 북쪽 출구의 작은 상점가 안에 있으며 카운터석만 있는 가게. 은은한 조명과 갈색의 나무색이 조화를 이루어서 편안한 분위기를 연출한다.

라면은 부드러운 우유빛 스프에 가츠오부시의 맛이 가득한 향유가 뒤덮여 있다. 스프와 향유가 조화를 이루어 입안으로 전해오는 면 특유의 단맛과 진한 스프 맛이 일품이다. 코를 타고 들어오는 가츠오(다랑어)의 향기 또한 절묘하다. 향유의 풍미를 매우 효과적으로 잘 살린 라면이다.

특징적인 재료는 가늘고 긴 멘마. 멘마의 끝부분만을 사용해 아삭아삭한 씹는 식감이 매우 좋다. 끝부분만이 가지는 독특한 부드러움으로 씹기도 편하고, 식감도 좋아서 최근 인기가 있는 재료 중 하나다. 면, 스프, 내용물이 각각 개성을 발휘해 조화가 잘 이루어진 라면이다.

▶라멘(らーめん)

가격 (780엔) **면** (직면) **국물의 농도** (진함)
육수재료 (어패류, 돼지뼈) base(간장)
건더기 (멘마, 계란, 시금치, 차슈 등)

01 라멘(らーめん) 780엔
02 유데교자(茹て餃子, 찐만두)는 3개에 150엔

25

麺屋はやしまる

멘야 하야시마루

OPEN 10:30 17:00
CLOSE 14:30 23:00

주소 | 杉並区高円寺北 2-22-11 스기나미쿠 코엔지키타 2-22-11
TEL | 03 3330 6877 **좌석** | 11석 **교통** | JR츄오센 코엔지에키역
(中央線高円寺駅)에서 도보4분

속이 가득 찬 완탕에 맛있는 스프

고엔지역 기타구치(북쪽 출구)를 나와서 상점가를 지나가
다 보면 중간에 약간 찾기 힘든 조그만 골목길로 들어서면
이 가게가 보인다. 유심히 보지 않으면 그 골목길을 지나치
고 말 정도이다. '뒷골목 맛집'의 선구자로 불리는 가게라고
할 수 있다.

수많은 유명 점포에서 맛을 배운 가게 주인이 마지막으로
다다른 곳이 이곳이다. 물론 유명집 맛을 그대로 흉내 낸 것
이 아니고, 주인 나름대로의 아이디어로 개발해 독창적인
맛을 만들어 냈다.

직접 뽑은 면은 쫀득쫀득해서 스프와 잘 어울린다. 황금색
스프는 재료 맛을 그대로 드러내는 강렬한 맛의 일본식 육
수. 속이 가득 찬 완탕은 만두피까지 맛있다. 찾기 어려운
골목길에 있어도 손님이 끊이지 않는 이유는 이 훌륭한 맛
에 있다.

▶ 시오완탕멘(塩わんたんめん)

가격 (830엔) **면** (굵은 직면) **국물의 농도** (보통)
육수재료 (마른 멸치, 다시마, 가츠오부시, 말린 고등
어) **base** (소금) **건더기** (완탕, 차슈, 멘마, 시금치 등)

01 시오완탕멘(塩わんたんめん) 830엔
02 미즈교자(水餃子, 물만두)는 5개에 350엔

people | 산보 중 만난 사람들

Kichijyouji

吉祥寺

키치죠지

▶井の頭公園

이노카츠라 공원

ADD 武蔵野市 御殿山 1-18-31

무사시노시 고텐야마1－18－31

TEL 0422-47-6900

TIME 24시간 연중무휴

▶ジブリ美術館

지브리 박물관

ADD 三鷹市 下連雀 1-1-83 井の頭恩

賜公園西園内 : 미타카시 시모렌쟈쿠1-1-

83 이노카즈라 공원 서쪽 출구 내

TEL 0570-05-5777

www.ghibli-museum.jp/

한국에서 인터넷 예약가능

TIME 10:00~ 18:00(화요일 휴관)

입장 시간은 1일 4회(사전 예약 필수)

▶一二三 らめん **히후미 라면**

ADD 武蔵野市 吉祥寺 北町1-10-22

무사시노시 키치죠지 키타쵸 1-10-22

TEL 0422-21-0919

TIME 평일12:00~19:00

주말.경축일12:00~19:00

휴식시간   15:00~17:00

휴일 화요일(예고없이 쉬는 날도 있음)

▶いせや総本店 公園店

이세야총본점 공원점

ADD 武蔵野市 吉祥寺 南町1-15-8

무사시노시 키치죠지 미나미쵸1-15-8

TEL 0422-43-2806

TIME12:00~22:00

휴일 월요일 (월요일이 공휴일일 경우는 수

요일. 연말연시와 여름휴가도 휴업)

▶Steak House Satou

ADD 武蔵野市 吉祥寺 本町1-1-8

무사시노시 키치죠지 혼마치 1-1-8

TEL 0422-21-6464

TIME11:00~15:00, 17:00~20:00

연중무휴

▶Gallery Feve

ADD 武蔵野市 吉祥寺 本町 2-8-2 2F

무사시노시 키치죠지 혼마치 2-8-2 2F

TEL 0422-23-2592

TIME12:00~19:00

(전람회 기간에만 영업)

▶ダンディゾン(パン)

Dendy Joun Bread

ADD 武蔵野市 吉祥寺 本町 2-28-2

무사시노시 키치죠지 혼마치 2-28-2

TEL 0422-23-2595

TIME 11:00~19:00

휴일 수요일 1·3주 화요일

▶Beep Beep

ADD 武蔵野市 吉祥寺 本町2-14-7

무사시노시 키치죠지 혼마치 2-14-7

TEL 0422-23-0868

TIME 11:00~20:00

휴일 목요일

▶Soy Bean Farm

ADD 武蔵野市 吉祥寺 本町 2-15-2

무사시노시 키치죠지 혼마치 2-15-2

TEL 0422-21-0272

TIME 11:30~16:00, 18:30~22:00

연중무휴

Ya-Ne-Sen

谷中 根津 千駄木

야나카 네즈 센다기

▶根津神社 **네즈 신사**

ADD 文京区 根津 1-28-9

분쿄구 네즈1-28-9

TEL 03-3822-0753

▶鬼大島らめん 오니 오오지마 라면

ADD 文京区 千駄木 3-36-11

분쿄쿠 센다기 3-36-11

TEL 03-3824-4498

TIME 11:00~02:00

휴일 연중무휴(연말연시 휴일)

www.oshima-ramen.co.jp

▶米どお握り 마이도 오니기리

ADD 文京区 千駄木 2-28-8

분쿄구 센다기 2-28-8

TEL 03-5815-2025

TIME 10:00~19:00

휴일 토요일,경축일

▶Scai The Bath House

ADD 台東区 谷中 6-1-23 柏湯跡

타이토쿠 야나카 6-1-23

카시와유아토

TEL 03-3821-1144

TIME 12:00~19:00

휴일 일요일 월요일 공휴일

▶嵯峨の家 煎餅 사가노야 센베이

ADD 台東区 谷中 6-1-27

타이도쿠 야나카 6-1-27

TEL 03-3821-6317

TIME 10:00~20:00

휴일 수요일

▶Asakura Choso Museum
아사쿠라 박물관

ADD 台東区 谷中 7-18-10

타이토쿠 야나카 7-18-10

TEL 03-3821-4549

TIME 9:30~16:30

휴일 월, 금 (공휴일 경우 그 다음날)

▶ 茶茶(Cha Cha) 일본전통찻집

ADD 文京区 根津 1-27-1

분쿄쿠 네즈 1-27-1

TEL 03-3823-3633

TIME 10:00~19:00 **휴일** 수요일

▶根津のたい焼き
네즈노타이야끼

ADD 文京区 根津 1-23-9

분쿄쿠 네즈 1-23-9

TEL 03-3823-6277

TIME 10:30~ 품절시

휴일 화요일, 금요일

(평일에 비정기적으로 쉼)

The University Of Tokyo

東京大

동경대

▶東京大學校 동경대학교

ADD 文京区 本郷 7-3-1

분쿄구 혼고 7-3-1

TEL 03-3815-6363

www.u-tokyo.ac.jp

▶弥生美術館
야요이 미술관

文京区 弥生 2-4-3 분쿄쿠 야요이 2-4-3

TEL 03-3812-0012

TIME 10:00~17:00 (입장시간~16:30)

휴일 월요일(공휴일의 경우는 그 다음날)

▶竹久夢二美術館
다케히사 유메지 미술관

ADD 文京区 弥生 2-4-2

분쿄쿠 야요이2-4-2

TEL 03-5689-0462

TIME 10:00~17:00 (입장시간~16:30)

휴일 월요일(공휴일의 경우는 그 다음날)

▶初代 けいすけ らめん
초대 케이스케 라면

ADD 文京区本郷 5-25-17

ドミネンス本郷 102
분쿄구혼고 5-25-17 드미넨스혼고 102
TEL 03-3815-2710
TIME 11:00~23:00 연중무휴

Ginza
銀座
긴자

▶キムラ屋 키무라야 빵집
ADD 中央区 銀座 4-5-7
츄오구 긴자 4-5-7
(지하철 긴자선 · 히비야선 긴자역
A9 출구)
TEL 03-3561-0091
TIME 10:00~21:00 연중무휴
www.kimuraya-sohonten.co.jp

▶鎭座末廣 긴자 스에히로 라면
ADD 中央区 銀座 4-3-2
츄오구 긴자 4-3-2
TEL 03-3564-1203
TIME 11:30~23:30 연중무휴
www.ginzasuehiro.com

▶Nissan Gallery 닛산 갤러리
ADD 中央区 銀座 5-8-1
츄오구 긴자 5-8-1
TEL 10:00~20:00 연중무휴

▶銀座千疋屋本店
긴자 셈바키야 본점
ADD 中央区 銀座 5-5-1
츄오구 긴자 5-5-1
TEL 03-3572-0101
TIME 09:30~20:00
일요일 11:00~18:00 연중무휴

▶東京鳩居堂 동경 큐쿄도 문구점
ADD 中央区 銀座5-7-4
츄오구 긴자 5-7-4
TEL 03-3571-4429
TIME 10:00~19:30
일요일 11:00~19:00 연중무휴
www.kyukyodo.co.jp

▶銀座新富寿し 긴자 신토미 스시
ADD 中央区 銀座 5-9-17 츄오구긴자5-9-17
TEL 03-3571-3456
TIME 11:30~21:00 연중무휴

Asakusa
浅草
아사쿠사

▶和ふ庵 와후안
ADD 台東区 浅草 1-18-2
타이토구 아사쿠사1-37－1
TEL 047-334-6499
TIME 9:30~20:00 연중무휴
www.10yen-manju.com

▶駒形 どぜう Komakata Dozeu
ADD 台東区 駒形 1-7-12
타이토구 코마카타 1-7-2
TEL 03-3842-4001
TIME 11:00~21:00 연중무휴
www.dozeu.com

▶浅草らめん亭 아사쿠사 라면테이
ADD 台東区 浅草 1-39-9
타이토구 아사쿠사 1-39-9
TEL 03-3845-0514
TIME 10:30~20:30
토요일, 일요일 09:00~20:00 연중무휴

▶合羽橋 가빠바시 | 그릇가게 거리
www.kappabashi.or.jp

▶飯田 이다 | 각종그릇백화점
ADD 合羽橋 道具街中央 · 金の河童像前

갓빠바시 중앙 금의강 동상앞

TEL 03-3842-3757

TIME 09:30~18:00

일요일10:00~17:30 연중무휴

www.kappa-iida.com

▶ **鍋博物館 냄비박물관**

ADD 台東区 西浅草 2-21-4

타이토구 니시아사쿠사 2-21-4

TEL 03-5830-2511

TIME 10:00~19:00 **휴일** 1,3주 목요일

▶ **仲見世商店街 나카미세**

www.asakusa-nakamise.jp

▶ **むさしや人形店**
고양이인형전문점

ADD 台東区 浅草 1-20-1

타이토구 아사쿠사 1-20-1

TEL 03-3841-5451

TIME 11:00~19:00

▶ **かめや亀屋 카메야인형구이빵**

ADD 台東区 浅草 1-37-1

타이토구 아사쿠사 1-37-1

TEL 03-3844-7915

TIME 09:30~19:00

▶ **豆舗 梅林堂 바이린도**

ADD 台東区 浅草 1-18-2

타이토구 아사쿠사 1-18-2

TEL 03-3841-6197

TIME 10:00~18:00 휴일-화요일

▶ **浅草天藤 아사쿠사 텐동**

ADD 台東区 浅草 2-4-1

타이토구 아사쿠사 2-4-1

TEL 03-3844-1738

TIME 12:00~18:30 **휴일** 목요일

Ueno

上野

우에노

▶ **上野動物園 우에노 동물원**

ADD 台東区 上野公園 9-83

타이토구 우에노코우엔 9-83

TEL 03-3828-5171

TIME 09:30 ~17:00

입장권 발매 오후 4시까지

* **무료입장일**

우에노 동물원 개원 기념일(3월20일)

식목일(5월 4일), 도민의 날(10월 1일)

* **휴원일**

매주 월요일(경축일 경우 다음날이 휴원일)

연말 연시(12월 29일~1월 1일)

▶ **東京文化会館 동경문화회관**

ADD 台東区 上野公園 5-45

타이토구 우에노코우엔 5-45

TEL 03-3828-2111 연중무휴

www.t-bunka.jp

▶ **国立西洋美術館 국립서양미술관**

ADD 台東区 上野 公園 7-7

타이토구 우에노 코우엔 7-7

TEL 03-5777-8600

TIME 09:30-17:30 (금요일~20:00)

월요일 휴관

www.nmwa.go.jp

▶ **国立科学博物館**
국립 과학박물관

ADD 台東区 上野公園 7-20

타이토구 우에노코우엔7-20

TEL 03-5777-8600

TIME 09:00~20:00

(입장은19:30 까지)

www.kahaku.go.jp

▶ **東京都美術館 동경국립미술관**

ADD 台東区 上野公園 8-36

타이토구 우에노 코우엔 8-36

TEL 03-3823-6921

〈개관 시간〉

09:00~17:00 (입장은 16:30까지)

〈휴실일〉

공모전 | 3주 월요일 (경축일에는
다음날)

기획전 | 매주 월요일(경축일에는
다음날)

〈전관 휴관일〉

매월 3주 월요일(경축일에는 다음날)

연말연시(12월 29일~1월 3일)

시설설비의 유지 관리를 위한 휴관

(7월 18일~26일, 12월 25일~28일)

www.tobikan.jp/

▶味の時計台

아지노토케이다이 라멘

ADD 台東区 上野 6-13-7

타이토구 우에노 6-13-7

TEL 03-5812-2208

TIME 11:00~03:00

www.ajino-tokeidai.co.jp

▶とんかつ井泉 本店

돈카츠 이센 본점

ADD 文京区 湯島 3-40-3

분쿄구 유시마3-40-3

TEL 03-3834-2901

TIME 11:30~20:50

(일요일,축일은 ~ 20:30)

휴일 수요일

▶あんみつ みはし

안미츠 미하시

ADD 台東区 上野 4-9-7 타이토구 우에
노 4-9-7

TEL 03-3831-0384

TIME 10:30~21:00

휴일 부정기적

▶鰻割烹 伊豆榮 本店

우나기 갓뽀우 이즈에이 본점

ADD 台東区 上野 2-12-22 타이토구 우
에노 2-12-22 TEL 03-3831-0954

TIME 11:00~21:30 연중무휴

Odaiba

お台場

오다이바

▶히미코 수상버스

아사쿠사 → 오다이바 (약50분)

TIME 10:10, 13:20

15:20, 17:20 (총4회)

TEL 0120-977311

▶アクアシティ 아쿠아시티

ADD 港区 台場 1-7-1

미나토구 다이바1-7-1

TEL 03-3599-4700

TIME 쇼핑 점포 | 11:00~21:00

음식점 | 11:00~23:00 연중무휴

www.aquacity.jp

▶らメン国技館 라면 국기관

群馬 常勝軒 군마 죠우쇼우켄

グンマジョウショウケン

TEL 03-3529-1991

라면종류 魚介とんこつ 어패류와 돈코츠

TIME 11:00~23:00 연중무휴

좌석 26석

会津・喜多方ラーメン坂内食堂

アイヅキタカタラーメンバンナイショ
クドウ

아이지 키타카타 라멘 반나이 쇼쿠도우

TEL 03-5564-2052

라면종류 醤油 쇼유

TIME 11:00~23:00 연중무휴

좌석 25석

麺処 白樺山荘メンドコロシラカバサ
ンソウ 멘도 코로시라카바산소우

TEL 03-3529-2082

라면종류 味噌 미소

TIME 11:00~23:00 연중무휴

좌석 26석

博多 一幸舎ハカタイッコウシャ
히카타 잇코우샤
TEL 03-3529-1436
라면종류 とんこつ돈코츠
TIME 11:00~23:00 연중무휴
좌석 26석

富山ブラック麺家 いろは
토야마부락쿠 멘가이로하
TEL 03-3529-3161
라면종류 濃厚黒醤油 쿠로쇼유
TIME 11:00~23:00 연중무휴
좌석 24석

黒味噌 初代けいすけ
쿠로미소 쇼다이케이츠케
TEL 03-3529-2155
라면종류 黒味噌 쿠로미소
TIME 11:00~23:00 연중무휴
좌석 26석

▶ 大江戸温泉物語
오오에도 온천 이야기
ADD 江東区 青海 2-57
코토구 아오미 2-57
TEL 03-5500-1126
TIME 11:00~ 08:00 (아침)
www.ooedoonsen.jp

Yokohama
横浜
요코하마

▶新横浜ラーメン博物館
신요코하마 라면박물관
ADD 横浜市 港北区 新横浜 2-14-21
요코하마시 코호쿠구 신요코하마 2-14-21
TEL 045-471-0503
TIME 평일 11:00~23:00
토요일, 일요일, 축일 | 10:30~23:00
휴관일 연중무휴 (연말연시 제외)
라면점의 영업시간은 예고없이
변경하는 경우가 있음.
www.raumen.co.jp

▶春木屋 하루키야
(라면박물관 본점 위치)
TEL 03-3391-4868
TIME 11:00~21:00
휴일 수요일 좌석 18석

▶World Porters 월드 포터스
ADD 横浜市 西区 みなとみらい 2-2-1
요코하마시 니시구 미나미 2-2-1
TEL 045-222-2000
TIME 10:30~21:00

▶Candy Mareche 캔디 마르쉐
ADD 横浜市 西区 みなとみらい 2-2-1
요코하마시 니시구 미나토미라이 2-2-1
TEL 045-222-2134
TIME 10:30~21:00

▶CAKE Mania
ADD 横浜市 西区 みなとみらい 2-2-1
요코하마시 니시구 미나토미라이 2-2-1
TEL 045-222-2145
TIME 10:30~21:00

▶吉村家 요시무라야 라면본점
ADD 横浜市 西区 南幸 2-12-6
요코하마시 니시구 미나미사이와이 2-12-6
TEL 045-322-9988
TIME 11:00~24:00 휴일 월요일

Tip 일본어 이것만 알아도 3박 4일 버틴다!

안녕하세요 (아침)
おはよう ございます
오하요-고자이마스
안녕하세요 (점심) こんにちは **곤니치와**
안녕하세요 (저녁) こんばんは **곤방와**

고맙습니다
ありがとう ございます
아리가토-고자이마스

미안합니다 | 고맙습니다
すみません **스미마센**

미안합니다. ごめんなさい **고멘나사이**

실례합니다
失礼します/しつれいします **시츠레-시마스**

안녕히계세요
さようなら **사요나라**

표 파는 곳은 어디입니까?
きっぷ売り場は何処ですか
きっぷうりばはどこですか
킷뿌 우리바와 도코데스까

이 버스는 ~에서 섭니까?
このバスは~で止まりますか
このバスは~でとまりますか
고노 바스와 ~데 토마리마스까

~까지 가고 싶습니다.
~まで行きたいです
~までいきたいです
~마데 이키다이데스

요금은 얼마입니까?
料金はいくらですか
りょうきんはいくらですか
료-킨와 이쿠라데스까

길을 잃어버렸어요
道がよく分かりません
みちがよくわかりません
미찌가 요쿠 와카리마센

~은 어디입니까?
~は何処ですか | ~はどこですか
~와 도코데스까

▶화장실 トイレ | トイレ **토이레**
▶ 은행 銀行 | ぎんこう **깅코**
▶ 역 駅 | えき **에키**
▶ 버스정류장
バス乗り場 | バスのりば **바스노리바**
▶ 백화점 デパート | デパート **데파토**

~은 어느 쪽입니까?
~はどちらですか **~와 도치라데스까**

동쪽, 남쪽, 서쪽, 북쪽 (출구)
東　南　西　北　(口)
ひがし みなみ にし きた くち
히가시 미나미 니시 기타 (구찌)

얼마입니까?
いくらですか **이쿠라데스까**

조금 더 큰 사이즈는 없습니까?
もっと大きいサイズはないですか
もっとおおきいサイズはないですか
못토 오-키이 사이즈와 나이데스까

192

(작은 小さい | ちいさい 치이사이)

입어 볼 수 있습니까?
試着出来ますか | しちゃくできますか
시챠쿠 데키마스까

면세 됩니까?
免税出来ますか | めんぜいできますか
멘제이 데키마스까

선물포장해주세요.
お土産を包装して下さい
おみやげをほうそうしてください
오미야게오 호소싯데 구다사이

신어봐도 될까요?
履いて見てもいいですか
はいてみてもいいですか
하이떼미떼모 이이데스까

계산은 어디서 하나요?
レジはどこですか
레지와 도꼬데스까

카드결제 가능하나요?
クレジットカードは使えますか
クレジットカードはつかえますか
크레짓또 카도와 쯔까에 마스까

그냥 구경하는 것입니다.
ただウインドーショッピングだけです.
타다 윈도-쇼핑구 다께 데스.

또 올께요.
まだ来ます 마다키마스

어디에 있습니까?
どこにありますか 도코니 아리마스까

깎아주세요.
負けて下さい | まけてください
마케떼 구다사이

사이즈를 교환해주세요.
サイズを交換して下さい
サイズをこうかんしてください
사이즈오 코우칸싯데구다사이

영수증 주세요.
領収書をお願いします
りょうしゅうしょをおねがいします
료슈쇼오 오네가이시마스
レシート、お願いします
レシート、おねがいします
레싯토 오네가이시마스

미안합니다, 사진 좀 찍어주실래요?
すみませんが、ちょっと写真撮って下さい
すみませんが、ちょっとしゃしんとってください
스미마셍가. 죳또 샤싱돗떼 구다사이

부근에서 가장 맛있는 라면집 (식당)은 어디 인가요?
この辺で一番美味しいらーめん屋(食堂)はどこ
ですか
このへんでいちばんおいしいらーめんや(しょ
くどう)はどこですか
고노헨데 이찌방 오이시 라멘야 (쇼쿠도) 와 도꼬데스까

예약했었는데요.
予約したんですけれども
よやくしたんですけれども
요야쿠 시딴데스께레도모

193

예약하고 싶습니다.
予約したいです
よやくしたいです
요야쿠 시따이데스

체크인 부탁합니다.
チェックインお願いします
チェックインおねがいします
첵쿠인 오네가이시마스

경치 좋은방 부탁 드립니다.
景色がいい部屋でお願いします
けしきがいいへやでおねがいします
케시끼가 이이헤야데 오네가이시마스

하루 더 연장할께요.
もう一泊延長したいです
もういっぱくえんちょうしたいです
모오 잇빠끄 엔쪼시다이 데스

키 좀 부탁합니다.
カギをちょっとお願いします
カギをちょっとおねがいします
카기오 촛또 오네가이시마스

000호 키 주세요.
ルームナンバー000カギをお願いします
ルームナンバー000カギをおねがいします
루무남바 000카기오 오네가이시마스

공중전화는 어디에 있나요?
公衆電話はどこにありますか
こうしゅうでんわはどこにありますか
코슈뎅와와 도꼬니아리마스까

짐 좀 맡아주세요.
荷物をちょっとお願いします
にもつをちょっとおねがいします
니모쯔오 촛또 오네가이시마스

짐을 맡길 수 있습니까?
荷物を預かってもらえますか
にもつをあずかってもらえますか
니모츠오 아즈캇테 모라에마스까

맡긴 짐을 가지러 왔습니다.
預けた荷物を取りに来ました
あずけたにもつをとりにきました
아즈케타 니모츠오 토리니 키마시다

모닝콜 가능한가요?
モーニングコール出来ますか
모-닝구 코-루 데키마스까

체크아웃 부탁합니다.
チェックアウトお願いします
チェックアウトおねがいします
첵쿠아우토 오네가이시마스

이것을 주세요. これをください
고레오 쿠다사이

추천 메뉴는 무엇입니까?
おすすめのメニューは何ですか
おすすめのメニューはなんですか
오스스메노 메뉴-와 난데스까

가장 맛있는 메뉴는 무엇 입니까?
一番美味しいメニューは何ですか
いちばんおいしいメニューはなんですか
이치방 오이시이메뉴-와 난데스까

저것과 같은 것으로 주세요.
あれと同じ物をください
あれとおなじものをください
아레토 오나지 모노오 쿠다사이

~은 빼주세요.
~抜きでお願いします | ~ぬきでおねがいします
~누키데 오네가이시마스

▶ 파 | ねぎ **네기**
▶ 와사비 | わさび **와사비**
▶ 김 | のり **노리**
▶ 계란 | 卵 たまご **타마고**

차가운 물 주세요.
お水お願いします
おみずおねがいします
오미즈 오네가이시마스
▶ 물수건 | おしぼり **오시보리**

계산 부탁합니다.
お勘定、お願いします
おかんじょうおねがいします
오칸죠- 오네가이시마스

티슈 주세요.
ティッシュ下さい
ティッシュください
티슈 구다사이

처음 뵙겠습니다.
はじめまして。 **하지메마시테**

저의 이름은 ~입니다.
私の名前は~です
わたしのなまえは~です
와타시노 나마에와 ~데스

저는 ~입니다.
私は~です/わたしは~です
와타시와 ~데스
▶ 학생 | 学生 がくせい **각세-**
▶ 회사원 | 会社員 かいしゃいん **카이샤인**
▶ 공무원 | 公務員 こうむいん **코-무인**

한국에서 왔습니다.
韓国から来ました。
かんこくからきました。
캉코쿠카라 키마시타

조금 더 천천히 얘기해 주세요.
もっとゆっくり話してください
もっとゆっくりはなしてください
못토 윳쿠리 하나시테 구다사이

한번 더 말해 주세요.
もう一度話してください
もういちどはなしてください
모-이치도 하나시테 쿠다사이

여기에 적어 주세요
ここに書いてください
ここにかいてください
고코니 카이테 쿠다사이

죄송하지만, 잘 못 알아듣겠습니다.
すみませんが、よく理解できません
すいませんが、よくりかいできません
스이마센가, 요쿠 리카이 데키마센

또 만납시다
また会いましょう | またあいましょう
마타 아이마쇼-

신세 졌습니다
お世話になりました | おせわになりました
오세와니 나리마시타

매우 즐거웠습니다.
とても楽しかったです
とてもたのしかったです
도테모 타노시캇타데스

여러가지로 도움을 주셔서 감사합니다.
色々本当にありがとうございました
いろいろほんとうにありがとうございました
이로이로 혼또니 아리가또고자이마시다

195

라면산보를 마치고 나서 내가 미처 깨닫지 못한 것이 있었다.

처음 책을 기획할 단계만 해도 일본인들의 사랑을 받는 라면을 통해서 무엇을 알고자 하기보단, 잠깐 간단히 쉬어가는 코너 정도로 가볍게 접근하려고 했다. 그러나 한 곳에서, 두 곳으로 라면가게의 취재가 늘어날 때마다 라면세계의 심오한 철학과 예술적 음식미학 등이 저마다 개성에 따라 담겨져 있고, 그들의 다양한 라면탄생의 역사와 비화들을 통해 새로운 라면 예술경영의 의미까지도 깨닫게 되는 계기가 된 것이다.

일본인들은 진짜로, 정말로, 라면을 사랑한다.

유명 일본 라면가게의 원조 주방장은 웬만한 연예인의 인기도 무색하게 할 만큼 팬들과 마니아들이 많다. 왜? 일본인들은 이토록 라면을 사랑하는 걸까? 그 이유는 아주 간단했다. 일본의 라면은 우리의 짜장면처럼 늘 생활 속에 함께하는 음식 중 하나이며, 일본인 생활의 삶 속에 공기밥과도 같은 주식이기 때문이다. 여기서 잠깐 일본라면 역사를 더듬어 보고자 한다. 일본라면의 역사는 1665년에 수이코쿠공(水戶光圀公)이 처음으로 중화면을 먹었다는 기록에서 출발한다. 1872년에 요코하마 중국인거리가 조성된 후 처음으로 중화면이 선보이기 시작했고 이후 중화면은 1910(메이지 43년)년에 드디어 동경에 상륙, 아사쿠사에 라이라이겐(來々軒)이라는 중화식 라면 전문점이 창업되기에 이른다. 이 후 1923년엔 삿뽀로에서 다케야(竹家) 식당이 오픈되었고 1925년에는 최초로 일본식라면 전문점 하라라이겐(原來軒)이 영업을 개시하기 시작했다.

또 이즈음에는 세계2차대전 임에도 불구하고, 라면 전문점의 창업은 더욱더 확산되었다. 아울러 이 시기에는 원조격 라면집들의 탄생이 많았던 시기로, 예를들어 긴자의 만복(만부쿠), 교토의 신복엽관, 다카야마의 마사코 등이 이 때 탄생 되었으며, 전후에는 중국에서 건너온 라면 포장마차가 전국적으로 붐을 이루었다.

1950년 한국 전쟁의 영향이 아이러니컬하게도 일본에게는 초호황 경기 특수를 누리는 계기가 되었는데, 이때 라면업계에도 상당한 영향을 미쳐 수많은 라면 전문점들이 탄생되게 되었고, 이후 1966년에는 우리나라 삼양라면과 같은 삿뽀로 이찌방 미소라면이라는 인스턴트 라면을 (주)명성이 제품으로 출시해 일본 전국에 삿뽀로 미소라면이 붐을 이루게 되었다. 오일쇼크로 주춤하던 일본 경제 상황에서도 오히려 라면업계의 성장은 멈추지 않았고, 이 때에 탄생한 것이 요코하마의 라면 전문점 요시무라야(吉村家)다. 1974년 이후에는 마을마다 라면전문점 설립 붐이 일어났고, 일본의 경기는 버블경제 상황에서도 히타카타라멘 붐이 일어날 정도로 라면의 인기는 지칠 줄 모르고 성장 가도를 달렸다. 이후 1989년엔 컵라면이 출시되었고, 1990년대에 들어서 돈코츠 라면 붐이 전국을 강타하기에 이른다. 이때부터 소위 라면은 배고픔을 채우는 간식이나 가난한자들이 먹는 싸구려 음식이 아닌, 영양도 풍부한 주식과 외식거리로서 확고한 자리를 잡게 된다. 이후 2000년에 들어서면서 부터는 건강을 생각하는 의미에서 화학조미료를 사용하지 않는 라면전문점이 붐을 이뤘고, 전국 각지의 유명 라면 전문점의 맛을 그대로 전수한 원조 라면 체인점이 도처에 생겨났다. 이 때에 시오라면(소금라면)도 탄생하게 되었으며, 유명 라면 전문점의 이름을 딴 컵라면도 2000년대 들어 활기를 띠기 시작했다. 여기까지가 간단하게나마 조사한 일본라면의 역사다.

〈동경 라면산보〉를 집필하면서 느꼈던 나의 감정은 왜 우리나라에도 일본의 라면처럼 사랑받는 음식이 있는데도 이것을 일본의 라면업계처럼 음식문화산업으로 발전시키지 못하는 것일까 하는 것이었다. 요코하마에 처음 도입된 라면 문화의 특징을 살려 만들어낸 라면박물관, 전국의 맛있는 유명 라면들을 한 곳에서 즐길 수 있는 오다이바 수상공원에 위치한 아쿠아시티의 라면국기관, 각 유명점의 라면을 컵라면으로 출시한 유명 식품회사의 라면마케팅! 이 모든 것이 우리나라에서도 가능할 텐데 라는 생각이 들었다. 예를 들어 인천에 처음 들어온 중화거리의 짜장면을 기념해 만든 인천 짜장박물관! 전국의 유명 짜장을 한 곳에서 즐길 수 있는 롯데월드의 짜장공화국, 과천 현대 미술관 옆 짜장 갤러리, 전국의 짜장과 탕수육을 맛 볼 수 있는 청계천 산책로의 짜장포차, 전국의 유명 짜장을 즉석에서 맛볼 수 있는 짜장 컵라면 등은 지금 당장이라도 만들 수 있지 않을까 라는 생각이 들었다. 만약 이 책이 이와 관련 있는 관계자에게 알려진다면 당장이라도 시작하라고 권유하고, 자문해 주고 싶은 맘이 굴뚝 같다.

이런 날을 상상해 본다.

토요일 오전 맑은 어느 날, 내 사랑하는 아들과 딸 그리고 아내와 가벼운 산보차림으로 인천을 산보하며 짜장박물관에서 다양한 음식문화 체험을 한다면 얼마나 좋을까. 특히 우리 딸은 짜장이라는 말만 나와도 해맑은 웃음이 온 땅 가득하게 넘쳐흐른다. 우리나라 아이들의 행복한 미소를 전달해주는 국민 음식 짜장이 있는데도 왜 우리는 이러고 있는 건지‥ 정말 안타깝기만 하다.

최근의 일본라면 맛은 짜다. 일본 라면 전문가의 말에 의하면 일본의 경제가 그만큼 어려워지고 있다는 표시라고도 한다. 라면 스프의 맛으로도 일본의 경제지표를 알 수 있는 일본 라면의 힘! 그들의 문화를 마냥 부러워만 할 것이 아니라고 본다.

네즈의 좁은 골목길을 산보하면서 나의 초등학교 2학년 시절의 잊혀졌던 추억의 필름들이 다시 돌아가기 시작했다. 비오는 날이 되면 지금은 돌아가신 울 아버지 비에 젖으실까봐, 우산을 들고 마을 앞 버스정류장에 나가, 한 시간이고, 두 시간이고 주구장창 서서 기다리고 있으면 벌써 한 잔 하신 듯한 붉그스레한 얼굴로 버스에서 내려오신 아버지는 막내인 내가 당신을 위해 기다리고 있었던 것이 대견스러우셨던지, 우리막내 덴뿌라 사줄까? 하시면서 골목어귀 포장마차 덴뿌라집에 나를 데리고 들어가 약간 취기 섞인 우렁찬 목소리로 주문을 한다. 어이! 여기 덴뿌라하고, 오뎅 그리고 따끈한 정종! 다꽝 많이줘~ 라고 말하시면서, 주인장에게 "얘가 나 비맞을까봐 우산을 들고 마중을 나왔어~, 그러니 맛있는 거 많이 줘야 돼 알았지? 라고 크게 외치면 주인장은 그저 네~네 한다. (그땐 그 말씀이 왜 그리 부끄럽고 쑥쓰러웠던지··) 그러면서 아버님은 따끈한 정종 한 모금 들이키신 후에 한마디 하신다. '사케(일본술) 한 잔 하고 일본 미소라면 국물 쭈욱 들이키면 이런 비오는 날엔 최곤데·· 캬아~' (아버님은 일본어를 잘하시는 까닭에 일본출장을 자주 가곤하셨다.) 아 그립다 그 시절~ 아~ 보고싶다 울 아버지.

어렸을 때 라면 국물 맛이 왜 그리 궁금하던지, 도대체 일본라면은 어떻게 생겼는지까지도 궁금했다. 잃어버린 추억을 찾고 싶었다. 지금은 사라져 버린 사람들도 함께 보고 싶어졌다. 그래서 나는 그 곳을 찾으러 간다. 동경의 뒷골목 라면가게를·· 이제는 나도 아빠가 되어서 울 아버지가 그렇게 소원하시던 라면국물과 다꽝과 사케 한잔을 즐기러 내 아들과 함께 가고 싶다. 그리고 걷고 싶다··

아~ 옛날 우리네 모습 그대로 필름통 속 그대로 남아있을 것 같은
좁다란 동경의 골목길을 뚜벅 뚜벅 걸어본다 .